自然科学基金重点项目"复杂地质钻进过程智能控制(61733016)"
山东省第一地质矿产勘查院开放基金项目"超深孔钻探施工工艺和关键技术研究" 资助

钻探信息测试技术与工程案例

ZUANTAN XINXI CESHI JISHU YU GONGCHENG ANLI

胡郁乐　张　惠　编著

图书在版编目(CIP)数据

钻探信息测试技术与工程案例/胡郁乐,张惠编著.—武汉:中国地质大学出版社,2021.9
ISBN 978-7-5625-5111-9

Ⅰ.①钻…
Ⅱ.①胡…②张…
Ⅲ.①钻探-研究
Ⅳ.①P634

中国版本图书馆 CIP 数据核字(2021)第 184165 号

钻探信息测试技术与工程案例			胡郁乐 张 惠 编著
责任编辑:王 敏 徐蕾蕾		选题策划:徐蕾蕾	责任校对:张咏梅 杨红梅
出版发行:中国地质大学出版社(武汉市洪山区鲁磨路 388 号)			邮政编码:430074
电 话:(027)67883511		传 真:67883580	E-mail:cbb@cug.edu.cn
经 销:全国新华书店			http://cugp.cug.edu.cn
开本:787mm×1092mm 1/16		字数:304 千字	印张:12
版次:2021 年 9 月第 1 版		印次:2021 年 9 月第 1 次印刷	
印刷:武汉市籍缘印刷厂			
ISBN 978-7-5625-5111-9			定价:58.00 元

如有印装质量问题请与印刷厂联系调换

《钻探信息测试技术与工程案例》

编　　著：胡郁乐　张　惠

参与人员：刘乃鹏　程世龙　赵海滨　徐宝玲
　　　　　　王义红　胡　晨　杨　涛　邹永立
　　　　　　周航建　姚震桐　李立鑫　李均宏
　　　　　　冯建宇　张占荣　占小宁　秦允海
　　　　　　王　羽　杨　勇　张文超　郑学峰
　　　　　　陈惠良

参编单位：中国地质大学（武汉）
　　　　　　山东省第一地质矿产勘查院
　　　　　　北京六合伟业科技股份有限公司
　　　　　　陕西太合智能钻探有限公司
　　　　　　中国地质科学院地球深部探测中心
　　　　　　岩联（武汉）科技有限公司
　　　　　　中铁第一勘察设计院集团有限公司
　　　　　　中铁第四勘察设计院集团有限公司

前 言

钻探过程实际上是一个复杂的时变系统，目前钻探尚未摆脱凭经验打钻的现状。随着钻井（探）的难度和深度加大，凭经验打钻更加困难。智能化测量（控制）技术与因特网结合是新生事物，钻探工程的信息化是必然的趋势。依托信息化技术，不仅能提高钻探过程的观测性和可控制性，而且能及时预报可能出现的复杂情况和钻井事故，最终为优化钻进、自动化钻进以及智能化钻井服务。钻探过程的信息化也有利于实现整个钻井过程的科学化，是由凭经验打钻走向科学施工的必由之路。

钻进过程参数的数量之多、环境之复杂，是钻井工程的独特之处，钻井信息的获取、处理和共享是进一步提高钻井效率，降低钻井成本，实现钻探科学化的关键。笔者立足于多年钻探地表及井下（孔内）检测技术的研究和实践，系统归纳总结了国内外钻探信息的检测关键技术成果，针对钻探信息化进程面临的难点问题，探索总结了近些年来的钻探领域检测新技术。

本书共分为四章，第一章总结了钻探信息化内涵和国内外技术现状、难点问题和发展趋势；第二章重点讨论钻进过程地表参数测录技术，内容包括地表参数信息化网络构架、地表难检参数的检测技术及基于地表钻参的风险判别等；第三章则围绕孔（井）内信息检测技术和仪器系统展开讨论，将孔（井）内信息检测内涵和难检参数的检测技术进行了分析总结，列举了我国典型井下仪器系统的基本功能和应用状况，针对高温检测技术难点问题进行了详细分析，提出了应对策略；第四章以案例形式介绍了钻探行业信息检测方法和应用效果，为读者提供参考。

本书的撰写得到了中国地质大学（武汉）、山东省第一地质矿产勘查院、北京六合伟业科技股份有限公司、陕西太合智能钻探有限公司、中国地质科学院地球深部探测中心、岩联（武汉）科技有限公司、中铁第一勘察设计院集团有限公司及中铁第四勘察设计院集团有限公司的支持。主要撰写人员有胡郁乐、张惠、徐宝玲、赵海滨、冯建宇等，王义红、杨涛、李均宏、秦允海、陈惠良、王羽、杨勇、张文超、郑学峰等提供了大量素材，程世龙、刘乃鹏、邹永立、周航建、胡晨、姚震桐等进行了细致的资料整理工作。已毕业研究生张恒春、杨国威、罗光强和喻西等前期做了大量的技术研发工作。本书在撰写阶段得到了吴敏教授、张晓西教授、黄洪波教授级高工的支持，在此一并表示感谢！

编著者

2021 年 3 月

目 录

第一章 绪 论 …………………………………………………………………… (1)
- 第一节 钻探信息化的意义 ……………………………………………………… (1)
- 第二节 钻探信息的内涵 ………………………………………………………… (3)
- 第三节 国内外技术现状与发展趋势 …………………………………………… (10)

第二章 钻进过程地表参数测录技术 …………………………………………… (19)
- 第一节 地表参数信息化网络构架 ……………………………………………… (19)
- 第二节 地表难检参数的检测技术 ……………………………………………… (25)
- 第三节 基于地表钻进参数的风险判别 ………………………………………… (39)

第三章 孔(井)内信息检测技术和仪器系统 …………………………………… (46)
- 第一节 孔(井)内信息检测主要内涵和难点 …………………………………… (46)
- 第二节 孔内难检参数的检测技术 ……………………………………………… (50)
- 第三节 孔内信息参数传送技术 ………………………………………………… (62)
- 第四节 国内典型井下仪器 ……………………………………………………… (68)
- 第五节 高温检测技术难点问题分析和应对策略 ……………………………… (96)

第四章 工程案例与应用分析 …………………………………………………… (112)
- 第一节 松科2井高温检测技术 ………………………………………………… (112)
- 第二节 煤矿多分支孔测控技术 ………………………………………………… (117)
- 第三节 井下工程参数测量系统应用实例 ……………………………………… (128)
- 第四节 绳索取心孔内仪器研制实例 …………………………………………… (136)
- 第五节 非开挖导向控制技术 …………………………………………………… (144)
- 第六节 IDS-1500智能化钻机钻进系统的设计与实现 ………………………… (157)
- 第七节 野外工程勘察作业网络监控实践 ……………………………………… (166)
- 第八节 工程勘察孔内信息检测技术 …………………………………………… (172)

主要参考文献 …………………………………………………………………… (180)

第一章 绪 论

第一节 钻探信息化的意义

地下资源的勘探和开发离不开钻探工程。钻探技术不仅应用于金属和非金属矿产、油、气、煤、水、地热等资源的勘探与开发，还应用于工程地质和环境地质勘察、科学钻探、地质灾害防治、非开挖铺管、基础设施建设（如岩土锚固、注浆）等领域。可以说，钻探在人类的生活和生产方面功勋卓著。

由于地质条件的复杂性和施工条件的变化，钻探过程实际上是一个复杂的时变系统，传统钻探基本上还未摆脱凭经验打钻的现状。这种状况主要存在以下 3 个方面的问题：①操作者的经验不同，造成在连续作业中规程参数不统一，不同班组的技术和经济指标存在着显著差异，甚至影响工程质量；②操作者只能凭听（机器声音）、看（工具的进尺快慢）、摸（机器的震动）等感觉来获取施工过程是否正常的信息，而人的感觉难免粗糙失准；③操作者必须随时对耳、眼、手感觉到的信息进行综合分析，与头脑中的经验不断对比并快速做出判断，以便及时采取手动控制措施，而人的反应速度往往滞后于机具工况的变化速度，故一些恶性孔内事故仍难以避免，如果仅凭经验打钻往往需要有一段适应过程，期间可能事故不断，最终经济效益和社会效益不佳。特别是深部钻探，钻头处在未知的几千米之下，潜在的危险性大，即使对井下参数进行了高精度测试，但需经远距离、多介质的传递，往往滞后一定的时间才能到达地面，这更加深了钻井参数测量和控制的复杂程度。因此，目前仅凭人的感官和经验打钻的现状已严重制约钻探水平的提高和技术的进步。

钻探工程的信息化，不仅可对钻井工况及有关参数进行实时测量和控制，而且可及时预报可能出现的复杂情况和钻井事故，从而为钻井工程技术人员的现场决策提供可靠的实时资料，为优化钻进、自动化钻进及智能化钻井服务。

可以说，钻探技术虽是与地质相关的工程技术，但也离不开信息技术，例如在钻进过程中，会有声音、振动、旋转、位移等一系列的外部特征信息，地层中涵盖着更多的内部特征信息。信息的表达形式称为"信号"。这些信息的获得需要依托检测技术，通过信号的检测能反映钻进过程的有关参数、图像甚至地层特征信息，如钻压、转速、扭矩、电阻率、岩石孔隙度等的变化情况。通过处理与分析这些信号，便可了解在具体条件下的孔内工况是否出现了显著变化。图 1-1 所示为与钻进过程参数相关的主要影响因素。

钻探工程信息化的作用有以下几个方面。

（1）提高钻井安全性。检测钻压、泵量、转速，监视立管压力、钻井液总体积、钻机扭矩等工程参数信息能规避钻井风险、预防钻井事故，以实现安全作业。监测套管压力和掌握比较准确的地层压力资料，就可以正确地选用钻井液密度和适当的套管程序，实现平衡钻井，防止地层伤害或污染，保护产层。

（2）提高钻井效率。通过规程参数的检测和监控，可以选择合理的规程参数和钻头类

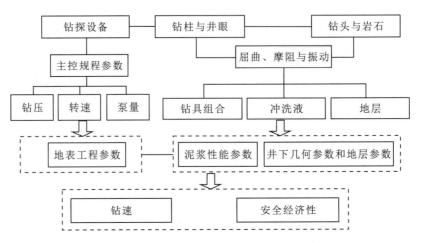

图 1-1 与钻进过程参数相关的主要影响因素

型、优化调整钻进参数,提高钻压传递效率,确定最优化钻井技术措施,选择最佳起钻时间,以及进行日常工程事故预报,从而缩短建井周期,降低钻井成本,提高钻井效率等。

(3) 提高钻井作业的自动化程度。精度高的在线连续测量,可获取大量的钻井信息,可采取集中监测、显示和记录,可极大地方便钻井作业中各种参数的综合评价和应用。

(4) 显著提高钻探的可观测性和可控制性。传统钻井多采用人工离线测量读数,准确性和实时性均较差,数据处理能力弱,实时地质评价难度大。另外,录井虽然能对多类参数,如钻井参数、钻井液参数、气体参数、地质参数、井身参数等进行测量和记录,但对它们进行实时相关分析和综合评价十分不便。现代传感、传输和微型计算机数据采集处理系统为钻探信息化提供了重要支撑,可以实时打印、屏幕显示、记录、回放和成果实时解释实施,直接指导钻井施工作业。

(5) 提高早期判断和评价能力。建立计算机网络和数字通信,可实现作业点与技术管理中心的有效通信联系,共享软件和信息资源,对钻井风险和地质特征、地层特性、资源储量进行早期预测和评价,指导钻井施工,及时预报和发现异常情况,保证钻井作业顺利进行。

(6) 有利于整个钻井过程的科学化、实时化和网络化。钻井信息的获取、处理和共享,是进一步提高钻井效率、降低钻井成本、实现钻探科学化的关键。钻井地点分散性大,技术人员和技术主管部门了解钻井进度与工况很不方便。采用客户端/服务器、现场网络化总线、数据库等技术,钻井现场的情况可被及时掌握和科学指导,有利于整个钻井过程的科学化。

目前网络检测系统是智能化测量(控制)技术与因特网结合的新产物。如图 1-2 所示,一个科学钻井平台采用多台计算机系统来测量和监控钻机、泵组等设备的钻进过程参数、泥浆性能参数、井(孔)内参数、岩样分析参数等,还可测量主设备的电压、电流、功率、功率因数及各种辅助设备的运行状态,然后进行综合处理。将各种被监测的重要参数进行数字或模拟显示,自动调整运行工况,对某些超限参数进行声、光报警或采取紧急措施,并把所测数据自动导入数据库系统,再通过因特网发送至各后方管理部门和机构,实现资源共享。

近年来,检测技术的发展赋予了钻探技术新的活力。地层中系列地质信息的检测技术为地质导向技术提供了基础条件,随钻测量(measurement while drilling,MWD)技术为井内参数的传输提供了手段。通过钻探技术和信息化技术的融合实施,不仅能快速实现钻探目

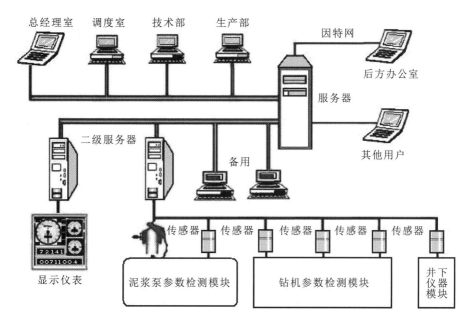

图 1-2　用于钻井（探）平台的网络检测系统组成示意图

标、扩大产量，而且大大地节约了钻探工作量和施工成本，达到了"多快好省"的目的。如地质钻探中依托孔内检测技术产生了受控定向钻探、对接孔钻探、分支孔（多底孔）钻探，逐步取代方格布孔和按勘探线布孔方案；在油气钻探中，依托井内检测技术与信息融合技术产生了丛式井（立体开采）、大位移水平井技术等。

随着钻井难度和深度的加大及各种新设备机具的出现，需要高精度进行优化控制钻进规程参数，凭经验打钻将更加困难。因此，国内外钻探界都应清醒地认识到，钻探信息化的应用，不仅能实现对施工过程的连续监测，识别并预报孔内异常工况，而且能逐步实现生产过程的最优化，是凭经验打钻走向科学施工的必由之路。

第二节　钻探信息的内涵

一、钻探信息

钻进工程的参数数量之多、环境之复杂，是钻井工程的独特之处，与钻进过程有关的工程参数和地质参数包括以下 5 个方面。

（1）与泥浆有关的参数：泥浆类型、泥浆体积（正常钻进和起下钻时的体积）、返回泥浆流量、可燃气体含量、H_2S 含量、CO_2 含量、入孔和出孔泥浆密度、固相含量、泥浆温度、塑性黏度、动切力、电导率、泥浆液位等。

（2）水力参数：泵压、理论泵量、实际泵量、泵冲数、立管压力、套管压力、喷射速度、环空流速等。

（3）钻进参数：钻压、转速、扭矩、钻速、进尺、井深、机械钻速、大钩载荷和大钩位置、dc 指数、起下钻及钻进时间、井斜角、方位角、工具面方向、磁场强度、地磁倾角、井下扭矩、振动、井下钻压、地层放射性、电阻率、弯曲力矩向量、合力向量、井径、环空温度、孔隙度、水泥浆密度、酸液浓度等。

(4) 动力电源：输出功率、电压、电流、功率、电量、功率因数等。

(5) 地层参数：地层放射性、电阻率、孔隙率、元素成分等。

钻井过程地表参数是在钻井过程中最基础的数据，以此为依据可进行分析决策。例如地表录井的参数可分为直接参数和派生参数（间接参数）。直接测量的参数主要有大钩负荷、大钩高度、立管压力、转盘扭矩、吊钳扭矩、转盘转速、泵冲次、相对流量、泥浆池体积、泥浆温度、泥浆密度等，由以上直接测量参数可派生计算的参数有钻压、标准井深、钻时、大钩速度等近40个。

二、测井信息

钻探的目的是获取更多的地质信息，除了传统岩心分析技术外，测井技术近年来备受重视。对地层物理特性的检测一般称为测井。

测井技术经历了从点测时代、模拟时代、数字时代到数控测井时代，现在已经发展到成像测井。在测井方法上也出现了多次质的飞跃，电阻率测井从早期简单的电极系、感应测井和侧向测井发展到现在的阵列感应和阵列侧向测井；孔隙度从早期的声波时差测井发展到包含密度、中子和声波的三孔隙度测井。目前又推出了核磁成像测井。随着测井方法和测井技术的不断发展，各种测井方法优势组合，互相弥补不足。

测井方法可分为3种类型，即电法测井、声波测井和核测井。测井是利用岩层的电化学特性、导电特性、声学特性、放射性等地球物理特性测量地球物理参数的方法，属于应用地球物理方法（包括重、磁、电、震、核）之一。常规测井方法主要是指目前在油气勘探开发中的测井方法，即所谓的"九条曲线"系列：自然伽马、自然电位和井径三岩性曲线，浅、中、深三电阻率曲线，声波、中子、密度三孔隙度曲线。在地层复杂的情况下，再加上地层倾角、自然伽马能谱两项构成所谓的"十一条曲线"，这也是测井地质学研究所依靠的基本测井信息。

地层物性检测的参数一般包括自然伽马、自然电位、电阻率、声波、中子、密度和井径等。

1. 自然伽马测井

把仪器放到井下，测量地层放射性强度的方法叫自然伽马测井（GR），GR是测量地层中的放射性含量，岩石里黏土含放射性物质最多。通常，泥岩GR值高，砂岩GR值低。自然伽马测井只能测量地层中放射性元素的总含量，但无法分辨地层中含有什么样的放射性元素，自然伽马能谱测井能够测量不同放射性元素放射出的伽马射线，从而确定地层中含有何种放射性元素。GR测量原理为：当自然伽马射线穿过钻井液和仪器外壳进入探测器时，经过闪烁计数器，将伽马射线转化为电脉冲信号，经放大器把电脉冲放大后由电缆送到地面仪器。地面仪器把每分钟电脉冲数转变成与其成正比例的电位差进行记录，并下仪器沿井身移动，能连续记录出井剖面上的自然伽马强度曲线，称为GR曲线。自然伽马测井与自然电位测井相配合能很好地划分岩性和确定渗透性地层，自然伽马测井的另一个优点是测井可在下套管井中测量。

2. 自然电位测井

在电阻率测井的初期，人们在钻井中就观测到了一种非人工产生的直流电位差形成的自然电场，且能以毫伏级的精度记录下来，人们称之为自然电位。在自然电位测井时一般把测量电极 N 放在地面上，电极 M 用电缆放在井下，提升该电极，可以连续地测量出一条随深度变化的自然电位曲线（SP）。如果把曲线正极电位作为基准，则曲线的负峰处一般都是具有渗透性的砂岩。因此，自然电位曲线可以作为划分岩性、判断储层性质的基本测井方法。

3. 电阻率测井

普通电阻率测井是地球物理测井中最基本、最常用的测井方法，它根据岩石导电性的差别，测量地层的电阻率，在井内研究钻井地质剖面。岩石的电阻率与岩性、储层物性和含油性等均有着密切的关系。普通电阻率测井的主要任务是根据测量的岩层电阻率来判断岩性，划分油气储集层的含油性、渗透性和孔隙度。普通电阻率测井包括梯度电极系、电位电极系微电极测井。在电极系的3个电极中，有2个在同一线路供电线路或测量线路中，叫成对电极或同名电极，另外1个和地面电极在同一线路（测量线路或供电线路）中，叫不成对电极或单电极。根据电极间相对位置的不同可以分为梯度电极系和电位电极系。

微电极的电极距比普通电极系的电极距小得多，为了减小井的影响，电极系采用了特殊的结构，测井时使电极紧贴在井壁上，这就大大减小了泥浆对结果的影响。

图1-3所示是普通电阻率测井与自然电位测井同时测量的电路原理图。同测量岩样电阻率一样，普通电阻率测井也有1对供电电极 A 和 B、1对测量电极 M 和 N，但通常有1个电极固定在地面（地面电极），另外3个电极在井内移动。在井内移动的3个电极称为电极系，它的组成方式为 A、M、N 或 M、A、B，前者称为单极供电，后者称为双极供电。当采用双极供电电极系时，其中的 M 电极还测量自然电位曲线。

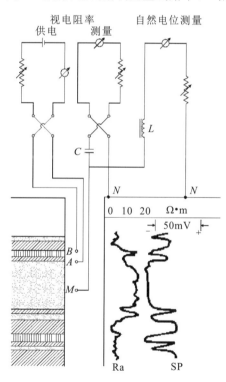

图1-3 电阻率测井与自然电位测井电路图

因为井内自然电位是直流电位，若要用 M 电极同时测量电阻率和自然电位两种信号，只能使电阻率信号成为交流信号。方法是：地面供电线路产生直流电，经过换向器后变成矩形波状电流，而 M 电极测量到的矩形波状交流信号送到地面经过换向器以后变成直流信号被测量。为了分别测量 M 电极送来的电阻率信号（交流）和自然电位信号（直流），电阻率测量线路装有电容器，而自然电位测量线路装有电感器。

4. 声波测井

声波测井是地层声学性质的各种测井方法的总称，包括纵波声速测井、纵波声幅测井、横波声速测井、声波全波列（各个成分的声波全波列）测井及纵波反射的井下电视测井等。

声波是机械波，人耳能听到的声波频率为20~20 000Hz，频率更高的声波称为超声波。

将一个受控声波振源放入井中建立一个人工声场，声源发出的声波引起周围质点的振动，在地层中产生声波（即纵波和横波），在井壁-钻井液界面上产生诱导的界面波即视瑞利波和斯通莱波。这些波作为地层信息的载体，被井下接收器接收，送至地面记录下来。接收器、声源统称为声系，根据声系排列及尺寸的不同，声波测井仪可分为补偿测井仪（BHC）、长源距声波测井仪（LSS）、阵列声波测井仪（DAC）。声波在井内地层中传播，由于地层岩石成分、结构、孔隙中流体成分的变化，波的速度、幅度甚至频率都会发生变化。只记录声波速度变化的称为声速测井（AC），而记录声波幅度变化的则称为声幅测井。

一般声速测井中的短源声系仅记录纵波（即首波）传播时差，长源距声系可记录下纵波、横波、视瑞利波、斯通莱波等各种波列的传播时差，所以又称为全波声波测井，而阵列声波仪由于声系复杂，既可以记录纵波声速，又可以记录全波列声速，还可以记录声幅。

如图1-4所示，一个声波发射器T向井内发射有一定声功率、一定方向性和频率特性的声脉冲，它的波形如图1-4右上方所示。声波在井内的传播与井内流体和井壁附近地层的性质有关。在离声波发射器足够远的地方放置声波接收器R，就可接收到图1-4右下部所示的各种声波波形。波形图的横坐标是从发射声脉冲开始经过的时间（μs），纵坐标是声波引起的电信号的幅度（mV），它代表声波幅度。此图称为声波全波列波形图。

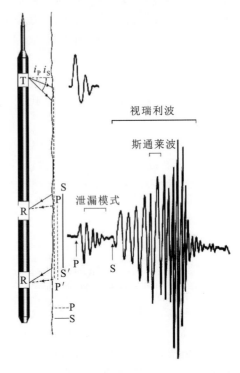

图1-4 井内声波的发射传播和接收

5. 中子测井

中子测井是用中子探测器直接测量地层热中子和超热中子的密度，它能记录孔隙度随深度变化的曲线，如果用中子测井、密度测井、声波测井3种方法进行组合分析，能较准确地划分地层岩性和确定地层孔隙度。中子测井原理是把装有中子源和探测器的下井仪器放入井内，由于中子源发射的快中子按球状向外迁移，在穿过井壁介质进入岩层的过程中，高能量中子与物质的原子核相互作用而减速、扩散和被吸收，能量不断损失或减弱。采用2个不同源距探测器来测量热中子计数率的比值，以反映地层中的中子密度随源距衰减的速率。将探测结果通过电缆输送到地面仪器，经过计算处理记录曲线。

由于探测器记录的中子数量或原子俘获热中子的吸收特性，主要是与岩石的含氢量有关，而储集层的含氢量又取决于它的孔隙度，所以含氢量的多少将反映岩层的孔隙度大小。盖革-米勒计数器检测到的中子、γ射线的强度取决于地层中的含氢量。地层中的含氢量越大，在放射源附近被俘获的中子越多，到达γ探测器的γ射线的强度值越低，地层的孔隙度越高；反之，含氢量越小，在放射源附近被俘获的中子越少，到达γ探测器的γ射线的强度值越高，地层的孔隙度越低。

测井时选用不同源距的探测器，可以测量俘获伽马射线和热中子及超热中子。而记录中子被俘获之前的热中子和超热中子的量的方法叫作中子测井。记录中子被俘获之后产生核反应放射出的伽马射线的方法叫作中子伽马测井。

按仪器结构特征的不同，中子测井可以分为普通中子测井、贴井壁中子测井、补偿中子测井等。如补偿中子测井主要应用于测量地层的孔隙度和碳氢化合物类型，与其他测井曲线一起，区分油/气界面、油/水界面，划分油、气、水层厚度。在钻进作业过程中，和其他测井曲线一起，能有效预测异常高压地层，规避风险。在进行地质导向作业时为井眼轨迹穿行于储层中的最佳位置提供准确依据。

中子测井装置有以下几种。

（1）中子源：中子源是能释放中子的装置，中子测井需要向地层发射快中子，通过中子与地层介质发生多种核反应来探测地层的减速特性和俘获特性。中子源通常采用点状连续中子源，如镅-铍（核素符号 Am-Be）中子源，^{241}Am 在衰变过程中产生 α 粒子，α 粒子轰击 Be，产生平均能量为 4MeV 的中子。中子源照射地层后，在地层中形成稳定的空间分布。中子测井是测量地层减速后的超热中子或热中子或中子伽马射线。

（2）探测器主要有：①超热中子探测器，是测量经地层减速后的超热中子相应的仪器；②热中子探测器，是测量经地层减速后的热中子相应的仪器；③伽马探测器，是测量中子射入地层后产生的伽马射线强度或能谱相应的仪器，也称为伽马测井仪器或中子伽马能谱测井仪器。

6. 密度测井

密度测井是确定岩性和岩石密度的重要测井方法，石油工业上用放射源向地层发射高能粒子轰击地层的原子来测量岩石密度。它与声波测井、中子测井组合形成岩性孔隙度测井系列。岩性密度测井传感器由 ^{137}Cs 放射源室，2 个居中扶正翼片，3 个密度窗口和近、远 2 个 γ 射线探测器及屏蔽钨条共同组成。^{137}Cs 放射源室主要是放置放射源 ^{137}Cs，以产生施工所需的 γ 射线，它的能量范围为几万电子伏（特）到几百万电子伏（特）。当高能伽马射线穿过物质时，与物质发生相互作用，通常会产生 3 种效应，即电子对效应、康普顿效应和光电效应。2 个居中扶正翼片使密度窗口更接近井壁，减少了窗口和井壁间过大的环空间隙对测量结果的影响，避免了 γ 射线直接由井眼环空进入探测窗口。3 个密度窗口主要是允许 ^{137}Cs 释放的 γ 射线沿一定的方向发射出来和进入 γ 射线探测器。γ 射线探测器是由 NaI 闪烁晶体组成的，它能对探测到的 γ 射线的能级进行有效的判别。钨屏蔽层和钨条主要是防止 ^{137}Cs 释放的 γ 射线直接从传感器本体进入检测窗口，它是保证 γ 射线经过地层后再进入近、远 2 个检测窗口的必要手段。

岩性密度测井传感器采用 ^{137}Cs 作为 γ 射线放射源。在放射源附近，有近、远 2 个低密度窗口，窗口内有各自的γ射线探测器——闪烁计数器。^{137}Cs发射γ射线，γ射线经过一段距离的运行后，到达密度窗口。密度窗口允许地层反射回来的γ射线进入，并引发内部闪烁计数器对γ射线进行计数。因闪烁计数器具有区别γ射线能量级的功能，地层的密度不同，则对伽马光子散射和吸收的能力不同，探测器接收到的伽马光子的计数率也就不同。从而统计、计算出所测岩石的密度值和光电值，再采用校正技术，对近、远2个探测器测取的密度值进行校正，最终得到岩石真实密度值。

补偿地层密度测井是利用伽马射线与物质作用的康普顿效应，研制出的补偿地层密度测井仪。它利用固定强度的伽马射线源照射地层，伽马射线穿过地层时，会产生康普顿效应，伽马射线会被吸收，地层对伽马射线吸收的强弱取决于岩石中单位体积内所含的电子数，即电子密度，而电子密度又与地层的密度有关，由此通过测定伽马射线的强度就可测定岩性的密度。

岩性密度测井是在补偿地层密度的基础上发展起来的，除利用康普顿效应求地层密度外，还利用光电效应来划分岩性。岩石的密度与岩石组成矿物及岩石的结构有关，测井参数和方法详见表1-1和表1-2。

表1-1 测井参数

测井名称	代码	单位	基础原理	测量方法	应用领域	影响因子
自然电位	SP	mV	电化学产生的自然电位	测量电极与地表参考电极间的电位	划分渗透层，计算R_w、V_{sh}，地层对比与沉积相研究，判断岩性，判断水淹层	储层厚度、含油性、储层侵入带直径、钻井液电阻率与矿化度等
自然伽马	GR	API	岩石的放射性、放射性元素的衰变特性	地层的自然放射强度	区分岩性、划分储集层，计算V_{sh}，计算粒度中值，判断放射性矿物，地层对比	钻井液侵入对放射性的影响
自然伽马能谱测井	NGS	MeV	岩石中铀、钾、钍的放射性产生的混合谱	解析确定地层中的铀、钾、钍含量	区分岩性、追踪和评价生油层、寻找页岩储集层，求取泥质含量	钻井液侵入对放射性的影响
侧向测井	RLLD/RLLS（深/浅侧向）	Ω·m	电场理论及岩石电性	冲洗带（侵入带）电阻率	测量R_{xo}，判断储层流体性质、岩性等	钻井液电阻率、井径、地层厚度、侵入带
双侧向测井	LLD	Ω·m	电场理论及岩石电性	原状地层电阻率	测量R_t，判断储层流体性质、岩性等	井眼、围岩、钻井液侵入
方位侧向测井	LLHR	Ω·m	电场理论及岩石电性	在侧向测井仪的长屏蔽电极上，按不同方位装有一组聚焦电极系，测不同方位井周电阻率	区分裂缝与钻井过程引起的裂缝	井眼、围岩、钻井液侵入

续表 1-1

测井名称	代码	单位	基础原理	测量方法	应用领域	影响因子
阵列感应测井	AIT	$\Omega \cdot m$	电场理论及岩石电性	不同探测深度的电阻率	划分薄层、确定R_t和R_{xo}、阵列感应二维显示	钻井液性质和侵入
井径测井	CAL	cm	井眼直径变化与岩石有关	测量井眼直径	了解井眼状况、辅助区别岩性，其他测井曲线的环境校正、估算固井水泥量	裂缝、岩性、井眼垮塌
声波测井	AC	$\mu s/m$	声波在不同介质中的传播速度、幅度、频率的变化等	测量地层滑行纵波时差	确定岩性、计算孔隙度、检查固井质量、确定地层弹性参数、测井和地震结合媒介	岩性、岩石结构、孔隙度、岩石填充物、埋藏深度、地层年代
密度测井	DEN	g/cm^3	射线与岩石的康普顿散射效应，散射射线强度为被射线所照射环境物质的体积密度的参数	测量地层体积密度	判断岩性、计算孔隙度、识别气层	井眼、气、压实、未知矿物
岩性密度测井	LDT	g/cm^3				
中子测井	CNL/NPHI	%	热中子通量的变化	地层含氢指数	判断岩性、计算孔隙度、识别气层	井径、钻井液、泥饼、地层水、温度、天然气
核磁共振测井	CML		质子自旋回时间	射频线圈提供和静磁场相垂直的振荡波，使振荡波频率精确等于拉莫频率，以便磁偶极子从振荡波磁场中吸收能量发生转换	求取束缚水饱和度、确定储层有效孔隙度、确定储层渗透率、确定残余油饱和度、评价低阻油气层	地层水状况、储层温度、压力、含氢指数、孔隙度顺磁物质、地层水矿化度、地层中的磁性物质

注：来源于一点石油微信公众号。

表 1-2 测井方法

测井名称		代码	单位	基础原理	测量方法	应用领域	影响因子
微电阻率测井	球形聚焦测井	SFLU	$\Omega \cdot m$	电流在地层建立电场，测量电位差。电位差反映了电场的分布特点	测量井壁附近地层电位差，求取电阻率	岩性分层、识别致密层裂缝、识别气层	泥饼、井眼、钻井液电阻率、井径、地层温度、侵入带
	微球形聚焦测井	PL					
	微侧向测井	MSFL					
	微电极系测井	MLL					
	邻近侧向测井	ML					

续表 1-2

	测井名称	代码	单位	基础原理	测量方法	应用领域	影响因子
感应测井	深探测感应测井	ILD	Ω·m	利用交变电磁场研究岩石导电性	测量二次交变电场产生的电动势，记录接收线圈中二次感应电动势，求取岩石的电导率	确定渗透层、划分油水气层，求地层电阻率、中低阻电阻率和增阻侵入地层条件下求取电阻率、套管井测井	钻井液、侵入带、地层和围岩的电阻率及几何分布、地层厚度
	中探测感应测井	ILM	Ω·m				
	浅探测感应测井	ILS					
井壁成像测井	微电阻率扫描成像测井	FMS	Ω·m	井壁介质导电性质不同	在原地层倾角测井仪的4个极板上装有纽扣状的小电极，测量每个电极发射的电流强度，反映井壁地层电阻率的变化	确定地层倾角和裂缝产状，研究沉积相，区分裂缝、小溶洞和溶孔	岩性、地层孔洞缝情况、钻井液侵入
	全井眼微电阻率扫描成像测井	FMI	Ω·m	井壁介质导电性质不同	使探头八电极板全部贴紧井壁，由地面装置向地层发射电流，记录每个电极的电流强度及所施加的电压，反映井壁四周地层为微电阻率的变化	观测井壁情况、岩性岩相识别、裂缝性储层评价、地层产状与序列分析、沉积序列及相分析	岩性、地层孔洞缝情况、钻井液侵入
	方位电阻率成像测井	ARI	Ω·m	电场理论及岩石电性	方位电阻率成像仪将方位电极与常规双侧向测井仪的电极阵列结合在一起，测量方法与常规双侧向测井相同	薄层分析、有效裂隙和溶洞的识别、非均质地层的评价、提供一条高纵向分辨率	钻井液电阻率、井径、地层厚度、侵入带
	偶极声波成像测井	DSI	μs	声波的波动学、岩石的弹性力学	裸眼井中各种波的时差	鉴别岩性和划分气层、划分裂缝带、岩石弹性参数分析	井眼、仪器的偏心程度

注：来源于一点石油微信公众号。

第三节　国内外技术现状与发展趋势

钻井仪表实际上是一种测量系统。在钻井测量发展初期，钻机上逐渐出现了一些简单的单参数检测仪表，如指重表、泵压表、转速表、测斜表等。随着科学技术的进步，监测和记录的钻井参数逐渐增多，成套的钻井参数测量记录仪应运而生。典型产品有 ZJC 型钻井仪、SK-2Z01 系列钻井仪表、Datalog 系列钻井仪表、M/D-3200 马丁·戴克钻井仪等。这些仪器系统在钻井过程中可以连续地测量、显示和记录钻井工艺的各种有关参数，但最终还是由人来决策和操作。随着科学钻井时代的来临，不能单靠人工去及时处理大量的资料并发出各种指令，因此，许多国内外企业对最优化钻井提出了需求，对自动化钻井提出了要求。一些公司相继研制出计算机控制的各类综合自动化钻井仪表。如 TELEDRILL 钻井仪，可对上百台钻机钻井数据集中遥测和分析，实现远程遥控。

录井技术是伴随着钻井技术的发展而发展起来的，常规的地质录井方法和录井资料已经不适应现代录井技术。目前，录井技术有了质的飞跃。它将计算机引入综合录井仪用于实时处理地质与工程数据，包括常规地质录井、钻井液录井、气测录井、地球化学录井、钻井工程监测录井和随钻测量为一体的现代化综合性录井技术，实现了从信号采集、处理、存储、传输到解释自动化，实现了油气钻探过程的全面监控。如目前的气测录井能自动记录、连续测量，提高了资料的连续性和准确度，能鉴定和记录全烃、甲烷、乙烷、丙烷、正丁烷、异丁烷、二氧化碳、氢气等气体，提高了油、气、水层的分辨率。其中数字色谱气测仪新增设了联机现场处理系统，提高了气测录井的定量采集能力，该装置除了具备先进的气测仪功能外，可随钻录取地质、钻井液和工程参数，可进行地层压力检测，优化钻井参数，对指导钻进和保护油气层起着重要作用。

20世纪90年代，随着钻探技术的发展及各种高新技术的出现，人工智能技术逐渐被引进到钻井行业，从而出现人工智能钻井的新概念，即运用最新、最先进的人工智能钻井技术与装备，实现钻井作业的自动化。把石油地质、物探、测井、钻井、机械、自动化、计算机等专业在线协同起来，组成特定的人工智能钻井专家系统。如在先进的钻井测控技术支持下，利用"5W"（MWD、LWD、SWD、PWD、FEWD）技术作为手段，结合导向钻井及井下闭环控制技术，在钻进过程中实时随钻随测和控制（随钻测量各种参数、随钻测井、随钻地震），及时地把井眼周围及钻头前方的各种地质、地层、环境信息，以及钻进状态等数据采集进井下计算机；结合事先已知的地质勘探资料进行智能判断，从而发现目标层位，并精确确定其位置、大小、形态、厚度及走向，以获得最大产能为目标函数，优化各种工艺参数；自动钻进寻找最佳轨迹穿过目标地层，完成钻进任务。

一、地表钻参测量技术现状与发展趋势

钻井仪器仪表一直是我国钻机中配套最薄弱的部分，一方面，由于传统思维的影响，认为配套高精度仪表见不到较大的效益，而靠简单的仪表和经验就能解决问题；另一方面，由于野外迁移频繁和环境因素的影响，对仪表的防震、防水、防冻要求高，往往不能满足钻井现场便利性要求，而且高精度的先进仪表需要专业的维护与维修，成本较高。岩心钻探行业往往仅重点关注"三表"，即泵压表、电流表、钻压表，而钻进过程也多靠人工观察、手工记录，有的还增加了报警功能，通过钻进过程的监测，靠人工经验进行钻进作业。石油天然气钻井行业则增加录井环节，录井结果可以事后分析处理和解释，属于生产任务的主要内容。

多年来，钻井工作者为提高钻井过程参量测试的准确程度，相继研究开发了诸如指重表、泵压表、流量计、密度计、扭矩仪等单参数测量仪表，也研究开发了多参数检测系统，如4参数仪、6参数仪、8参数仪、12参数仪等。目前钻井参数仪表正在由过去的机械、液压仪表向数字化、智能化、集成化和网络化方向发展。世界上不少国家已生产并应用了许多功能各异的钻井仪表，多参数检测仪的研究和开发为钻探信息化提供了技术支撑。国外相关产品有美国的Drill–Sentry钻进监测记录仪、21GBC–R多臂井下钻车电脑导向仪，俄罗斯的ЯХОНТ钻进信息检测智能系统、ОПТИМ恒钻速系统，瑞典的钻进参数实时图形显示仪，日本的BDR–5型钻探参数监测仪等。

现代检测系统可以检测大钩悬重立管压力、吊钳扭矩、转盘扭矩、泵冲速、转盘转速、

出口排量、大钩高度和泥浆体积等直接参数，同时获得系列派生参数，如标准井深、钻头位置、方限井深、大钩速度、钻时、大绳做功、钻压、划眼时间、钻井时间、起下钻时间、机械钻速、离开井底时间、泵排量、泵效率、单根计数、立柱计数、泵冲累积数、泵冲总和、理论池体积、池体积差等。还可以根据以上参数对钻进、划眼、循环、接单根、卸单根、起下钻、离开井底等工况进行科学判断，为钻探自动化提供依据和支撑。加拿大Datalog公司2000年研制的钻井监测系统WellWizard除能测量显示200多个钻井参数外，还具有以下特点：以Windows 95/98或Windows NT为操作平台，采用客户/服务器技术，可通过因特网或调制解调器进行远程实时监控和历史监控，采用触摸屏，具有可自制的美观实用的用户界面，所有钻井数据可存储。国产ZCJ型钻井参数监测仪采用了模块化设计、现场总线技术，操作简单、功能强大，可采集、显示、存储、回放、打印主要钻井工程参数，并可派生相应的工程参数，适用于机械式钻机和电驱动钻机。软件基于Windows NT平台，中英文界面，对多种工况进行提示，能生成报表和参数曲线。

国外钻井仪器仪表的知名生产企业包括美国的马丁·戴克（M/D Totco）公司、派创（Petron）公司、AOI公司，加拿大的Datalog公司，英国的瑞设（RIGSERVE）公司、EFC公司，意大利的阿吉普（AGIP）公司等。它们的主要服务对象是石油钻井。国内生产厂商和研究机构主要有湖北江汉石油仪器仪表股份有限公司、上海神开石油化工装备股份有限公司、重庆石油仪器厂、中原油田钻井工程技术研究院、第三石油仪表厂等。

录井技术与录井仪器是伴随油气勘探行业发展起来的。我国于20世纪80年代后期开始研制国产综合录井仪，包括上海石油仪器厂于1988年推出的SDL-1地质录井仪、SQC882气测录井仪，中国电子集团第二十二所于1991年推出的SLZ-1综合录井仪。近几年，国内生产厂商也加快了产品升级步伐，如中国电子集团第二十二所生产的SLZ-2A型综合录井仪、上海神开石油化工装备股份有限公司生产的SK2000型综合录井仪就相当于国外生产的第四代综合录井仪。相较而言，国外技术更为先进，如斯伦贝谢（Schlumberger）公司利用4个红外分光光度计检测气体组分，将原来气体组分的色谱分析变为光谱分析，将原来的周期性分析检测变为连续分析检测。Geoservices公司研制的自动连续检测进出口钻井液滤液矿化度分析仪，可以测量钻井液中钾离子、钠离子、钙离子和氯离子的含量，为判断井下地层流体性质提供了新的检测方法。有些企业引入核磁共振录井仪，在录井现场就可以对岩心、岩屑进行孔隙度、渗透率、饱和度分析，进行生、储、盖层的物性测量和评价。

近年来，地球化学技术、质谱分析技术、信息技术和自动控制技术等高新技术在录井行业的推广应用越来越广泛和深入，一些原来只能定性检测的录井项目或参数，通过新的方法、手段和仪器做到了定量检测，如定量荧光分析技术（QFT）、定量脱气分析技术（QGM）等，相应的有了二维定量荧光分析仪、三维定量荧光分析仪。另外，对于已经实现定量检测的项目或参数，由于仪器技术的进步，检测结果变得更加精确，误差更小，仪器的灵敏度更高，检测结果更能准确反映地下客观情况，提高了油气层的发现率和解释精度。以综合录井仪为井场信息平台，以专家系统和数据库所支持的录井数据来进行实时评价、数据远程传输和系统监控，其他技术的加入（如LWD、SWD、光谱技术、衍射技术等）使录井技术更具实时性、准确性和多样性。

现代钻井用检测系统已发展为嵌入微处理器的智能仪表、虚拟仪表和网络检测技术形成的智能仪器系统。由于计算机技术的进步，智能仪表引入了"软件"环节，虚拟仪器代表着从以传统硬件为主的测量系统到以软件为中心的测量系统的根本性转变。在以计算机为核心的硬件平台上，依托 LabVIEW、LabWindows/CVI、VEE 等软件，配上功能强大的应用软件，形成了以软件为中心的测量系统。因此，目前智能化测量与控制技术进一步扩展到了因特网，形成网络化仪表。如一个科学钻井平台需要多台计算机系统来测量和监控钻机、泵组等设备的钻进过程参数、泥浆性能参数、钻孔参数、岩样分析参数等，还必须测量主设备的电压、电流、功率、功率因数及各种辅机的运行状态，然后进行综合处理，将各被监测的重要参数进行数字或模拟显示，自动调整运行工况，对某些超限参数进行声光报警或采取紧急措施。所测数据可以进入数据库系统及各管理部门和机构，实现网络共享。

我国提出促进钻井仪表应用的项目——数字化井场建设，在现场对钻井仪表数据集成方面开展应用研究。把现代传感技术、电子技术和微机及其数据处理软件结合起来，组成了功能齐全，能自动显示、记录并自动约束与报警的钻进过程监测系统。国外一些公司早就利用计算机网络技术和卫星通信技术建立了钻井数据中心，通过远程数据传输，把井场的工程、地质、钻井液等动态数据实时传送回基地，实现了钻井现场与基地之间的双向联络和数据共享。如美国的 M/D Totco 公司、意大利的 AGIP 公司都相继建立基于计算机网络系统和卫星通信技术的钻井分析和指挥中心，充分利用现场的实时数据资源，以保证边远、海上及环境恶劣地区钻井作业的顺利进行，同时也建成了自动的大型数据库。这些信息涵盖了钻井、测井、录井、随钻测量、中途测试和完井作业等，这些信息能够在钻井作业现场和远方的基地之间实时传输，实现远程监控和决策、快速解释和地层综合评价，使决策人员能够及时调整作业部署，节省作业成本。钻井仪表的功能越来越强大，使得勘探决策趋于现场化和远程化。

一种基于客户/服务器模式的实时多参数钻井监测系统结构如图 1-5 所示。该系由井台现场数据采集系统、井台信号显示表台、控制室信号监测系统和异地监视系统四大部分组成。钻井过程监测的参数有近 60 个，其中可直接测量的参数有 20 多个，如大钩负荷、大钩高度、立管压力、转盘扭矩、吊钳扭矩、转盘转速、泵冲次、相对流量、泥浆池体积、泥浆温度、泥浆密度等，由上述的直测参数可派生计算的参数有钻压、标准井深、钻时、大钩速度等 30 多个。通过直测参数和已派生出的参数及相应的数学模型可以进行工况识别，如钻进工况、划眼、坐卡（轻载状态）、重载状态、停工状态、接单根、泥浆循环、起下钻等多种状态。当然，工况判断出错将导致派生参数计算出错。

该系统的传感器采集到所要采集的信号后，送信号处理电路处理成能驱动模拟显示仪表的信号进行现场仪表显示，ADAM 远程数据采集单元能接收的信号进行远程数据处理和传送。控制室的服务器经 RS485 远程通信网络接收远程数据后，完成数据处理和参数监测、显示、管理、打印、查询等功能，并可通过控制室的其他监视器监视钻井过程。此外，该系统还可通过调制解调器实现异地钻井工况监视。

二、井内参数测量技术现状与发展趋势

测井除常规测井之外，还发展了系列新技术，如阿特拉斯（Atlas）公司、哈里伯顿（Halliburton）公司研究了核磁共振测井技术，相继开发测井软件配接 NUMAR 公司的 MRIL-C 型仪器已经能测量岩石总孔隙度、有效孔隙度、自由流体、岩石特征参数及油/气/水识别等。原位地应力测试分析技术为钻井和压裂提供了作业参数；斯伦贝谢公司及阿

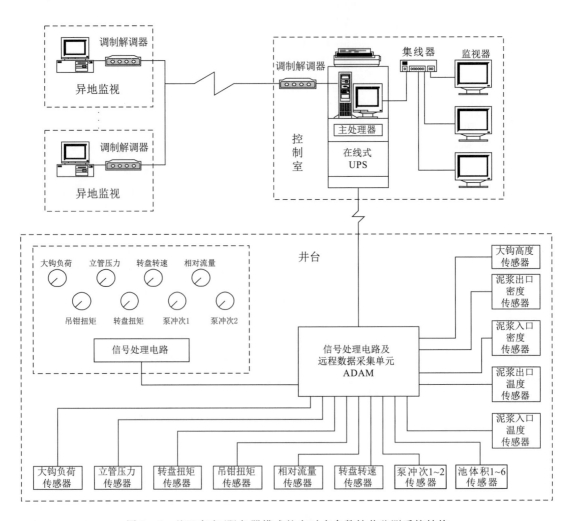

图 1-5 基于客户/服务器模式的实时多参数钻井监测系统结构

特拉斯公司研究"过套管电阻率测井"技术以解决套管厚度及腐蚀对测量结果的影响问题。斯伦贝谢公司研究的"井下 X 荧光分析"技术试图为井眼流体分析提供新的测试方法，并将地球化学在岩性确定方面的优势分析技术应用到"地球化学测井"仪器上；储集层评价测井以中子发生器为放射源，综合常规中子寿命、碳氧比能谱及氧活化测井技术开发出的新型储集层评价测井仪器，用于监测油/气/水运移和套管外流体移动方向，寻找窜槽，以掌握储集层油水运移动态；哈里伯顿公司应用井下摄影、光缆实时传输至地面记录，可以直观显示井内流体状况、井眼状况、工具位置等。水泥评价成像测井采用多组探测器的信息综合分析成像，用于对水泥胶结质量的完整评价。

随钻测量（measurement while drilling, MWD）、随钻测井（logging while drilling, LWD）、随钻诊断（diagnostic while drilling, DWD）、随钻地震测量（seismic while drilling, SWD）、随钻测压（pressure while drilling, PWD）、随钻地层评价（formation evaluation while drilling, FEWD）等技术是指在不中断钻探工作的情况下，随钻获得钻具姿态参数、钻进工程参数或地下地层原始信息，保障钻探工作的实时性，使钻进信息和地质参数在

人们面前一览无余，可以说是伸入地下空间进行窥探的眼睛。

随钻测量一般是指钻井工程参数测量，如井斜角、方位角或工具面角等的测量。有时候，MWD 泛指钻井时所有的井下测量。随钻测量与电缆测井相比，有以下优点：测井在地层被破坏或被污染之前完成；部分信息能实时测量，可使钻井过程更有效；避免下电缆，使测井更安全保险。地下资源的低成本开采与利用使得定向及水平井钻探的应用愈来愈广泛，依托 MWD 先进仪器可实现大斜度定向井、大位移水平井、丛式井、分支井、径向井、对接井等。钻进轨迹的随钻测量和控制，使得钻井可以由弯变直或由直变弯，且方向与角度可实现制导。钻井的定向工作已经不是传统意义上的纠斜、造斜、绕过事故头等工作，而是赋予了钻探技术新的活力，在多井（孔）底定向分支井（孔）、集束井（孔）、对接井（孔）、油气田钻井特别是海上钻井工程及一些特殊工程井（孔）等方面解决了用传统钻井（孔）无法达到的地质和工程目的，取得了显著的地质效果、技术效果和经济效果。

随钻测井一般是指在钻井的过程中用安装在钻铤中的测井仪器来测量地层岩石物理参数，并用数据遥测系统将测量结果实时送到地面进行处理，或记录在井下仪器的存储器中的一种技术。目前随钻测井包括随钻电阻率测井、自然伽马测井、放射性测井、光电因子测井、井径测井、声波测井以及随钻温度测量、随钻振动测量、随钻钻头钻压测量、随钻地层压力测量和随钻可变径扶正器等，有逐步取代电缆测井的趋势。这些技术的进步发展使得信息的检测从地面延伸到井下，从地面钻井参数测控发展到井下参数测控和近钻头测控，为及时监测井下情况、获得地层信息、进行随钻地层评价提供了手段。目前，闭环自动化钻井和人工智能钻井对井下测试技术提出了需求。地质导向技术就是随钻测井技术和地下导航技术的结合，地质导向过程需要孔内信息的正确检测、信息的交互和可靠的数据传送。该技术将随钻测试的各种数据实时传送到地面，钻探人员可以"实时"看到钻孔轨迹及钻具组合在地层中的实际位置和变化趋势，利用随钻地层评价数据为钻孔进行实时的交互式导向，最终到达地质目标。

LWD 具有钻井导向、快速直观、准确等优点，因此在定向/水平井的应用效果十分突出。LWD 目前主要有电阻率测井中的补偿双电阻率测井仪（compensated dual resistivity，CDR）、钻头电阻率仪（resistivity at bit，RAB），如放射性测井中的补偿中子密度仪（compensated density neutron，CDN）、方位密度中子仪（azimuthal density neutron，ADN），声波测井中的新型声波测井仪、偶极声波测井仪、核磁共振测井仪等几种随钻测井仪器。

如随钻声波测井在钻头上 12m 处的钻铤内装置发射和阵列接收探头，钻进时发射探头产生声脉冲，声波通过泥浆和地层传播到达 4 接收探头阵列，ISONIC 工具获得声波波形记录在井下存储器中，传输时间（声波时差）实时发送到地面，用于确定地层孔隙性、评价岩性、估测孔隙压力，实时钻井和测井数据可与三维地震数据一起放在计算机工作站上，并作为合成地震图的输入值，声波数据可以将钻头位置标示在地震图上。

FEWD 综合具备了常规 DWD 无线随钻测量传感器和电缆测井传感器的优势。FEWD 在施工过程中，除了向地面实时传输所需要的工程参数外，同时也可以向地面传输地质参数。在地面实时获取的地质参数，能够按照用户的需要，实时绘制出各种类型的测井曲线，为工程和地质人员进行工程和地质分析提供准确的依据。由于是实时测量，地层暴露时间短，在地层刚被打开时，井下传感器就能测到所打开的地层，所获得的地质参数是在地层有轻微入侵甚至没有入侵的环境下获得的物性资料，与电缆测井相比，更接近地层的真实情况（刘庆刚，2011）。

FEWD系统由地面设备和井下传感器两部分组成。地面设备主要是具有现场数据采集和管理功能的INSITE（the integrated system for information technology and engineering）数据处理系统，井下传感器包括定向探管、自然伽马测井传感器、电阻率测井传感器、补偿中子孔隙度测井传感器、岩石密度测井传感器、井径传感器、声波传感器、地层压力/温度传感器和井下动力钻具组装到一起的近钻头井斜/地质传感器、近钻头井斜传感器、钻头钻压/扭矩传感器等。当采用FEWD实时工作方式时，井下传感器可以向地面实时传送井底地层温度、地层压力、钻速等参数。通过对地质参数、地温梯度、地层压力、钻速进行综合分析，可以预测钻进过程中可能遇到的诸如地层异常压力等风险因素。此外，在FEWD中可以附加DDS钻柱振动测井传感器，任何情况下，井下钻具只要发生剧烈振动，系统可以立即检测到井下钻具的振动情况，现场人员可以根据实际情况，分析发生风险的可能性，提前采取措施。FEWD施工实时提供的工程参数和地质参数，可以使现场施工人员根据需要和现场情况，及时采取相应的措施，及时调整井身轨迹，有效地控制井眼轨迹的着陆和走向，在完钻的同时结束施工井的测井，从而显著提高钻井效率，缩短钻井周期，从整体上降低钻井、测井成本，提高勘探开发效率。目前，FEWD测量技术正在定向探井、水平井和大位移定向井中推广应用。

斯伦贝谢、阿特拉斯、哈里伯顿等公司一直致力于新方法、新仪器及地质效果研究。哈里伯顿公司于1994年开始开发的Path Finder LWD测井系统包括自然伽马、2MHz电阻率、密度、中子孔隙度、井径、声波等。在定向测井服务中，它们可以代替电缆测井提供优质可靠的测量数据。

斯伦贝谢公司的LWD系列包括声波、电阻率、阵列电阻率、密度中子等，它们组合起来构成VISION475测井串，同样也能适用于不同尺寸的井眼。阿特拉斯公司的SWD仪以钻头为声源，在地面或邻井进行测量的技术研究为LWD增添了新的内容。

地层测试作为重要的测量手段在斯伦贝谢、阿特拉斯、哈里伯顿等公司都有新的发展。如斯伦贝谢公司的MDT（modular formation dynamics tester），模块化的结构易于拼装，可根据用户的需求组成仪器串进行作业。它的功能除测试流体性质及地层参数外，还可为压裂提供作业参数。

井间测井技术中，国外目前主要是井间声波和井间电磁波成像测井技术。井间声波测井将声源和接收器置于不同井深位置，信息量大，效果直观有效。它的纵向分辨率介于地震勘探与电缆声波之间，通常相邻井距小于2000ft（1ft＝0.304 8m）时的纵向分辨率为3～10ft。斯伦贝谢公司的BARS和阿特拉斯公司的Seilink井间声波仪器分别将声源和接收置于不同位置，对接收到的声波信号进行波谱分析，可得到裂缝识别、流体分布、地层走向等效果；同时将地震勘探、测井资料同声波资料综合运用，可达到油藏综合描述的目的。实例显示，在井间间距400m进行作业的测井资料显示出很好的地层层理剖面及裂缝深度、走向。同时，结合岩石声学物理对地层的渗透率和各向异性进行分析。

斯伦贝谢公司在井间电磁波测井技术上有新的发展。这种方法最初用于描述裂缝性结晶岩中的地下水流情况，工作方式有单井反射方式、井间反射方式、井间层析射线方式。目前的技术水平为$R_t = 10\,000\Omega \cdot m$时，探测深度为100m，横向分辨率可达0.5m，角度分辨率为45°。

在成像测井技术方面，研究测井方法和仪器比较成功的有以下两种。

（1）斯伦贝谢公司的阵列感应成像测井。它给出二维的地层电导率图像，可以直观地显示地层电导率在轴向和径向的二维分布，分辨率在1ft，可识别厚层内的非均质性。仪器长度比常规三组合仪器串（长75～90ft）大大缩短。

（2）斯伦贝谢公司的方位电阻率成像测井。它是利用方位电极阵列测量井周12个定向深电阻率值，实际是一种阵列侧向成像测井，纵向分辨率为8in（1in=2.54cm），可用于定量评价20cm薄层的含油饱和度，对火成岩裂缝油藏评价十分有用，也可识别地层的非均质性。

成像测井系统的发展除开发各种方法的下井仪器外，主要精力放在完善适应复杂地质条件的软件系统开发上，特别在交互资料应用和各种资料的综合应用分析等方面。

三、智能化钻井

智能化是钻探技术发展的必然趋势，智能钻井在钻井质量、钻井时间、钻井成本、钻井事故发生率等方面都具有传统钻井无可比拟的优势。智能钻井主要分为井下工具的智能化、井上智能钻井系统和高速大容量的信息传输通道，智能钻井与信息传输技术不可分割，难点是井下和地面之间信息的传递。智能钻井技术是智能钻井系统和智能钻井工具的综合，自动化、智能化、微电子、机器人技术等学科的综合是智能钻井系统的显著特征。

要实现智能钻进，必须有对井眼轨迹实现精确控制的能力，必须具备对井下钻井各个参数的实时监控和调节能力。其中，还必须要有以智能网络、专家系统等为依托的实时解决问题的能力。

如美国国民油井华高（NOV）公司的EvolveTM钻井系统，具备实时决策、对可能出现的各种问题进行分析的能力。它通过建立远程控制服务，来指导钻井作业的施工，包括信息服务、建议服务、控制服务、自动化服务等服务环节。2019年，威德福（Weatherford）国际有限公司发布了智能控压钻井系统ViCtus，该系统可以有效提高钻井作业安全性和降低作业成本。

智能钻井工具的出现使精确钻井能力大幅度提高，同时使智能化钻井成为可能。智能钻井工具包括智能钻柱、智能钻杆、智能钻头、旋转导向工具等。智能钻头是钻井作业中最核心的工具，在钻井的过程中，影响钻头钻进的主要因素为钻压、钻速、切削量、齿形材质和齿形结构等。传统钻井在钻井的过程中，上述参数除钻压、钻速外都是不可改变的。智能钻头与井下传感器相结合，使钻头在钻井过程中能够自动感知地层压力、地层温度、钻头角度和深度等信息。

智能钻杆也是智能化进程中的一个关键工具，如陕西太合智能钻探有限公司研制生产的智能凹槽螺旋钻杆解决了煤矿坑道高效定向钻进问题。美国NOV公司基于电磁感应原理研发的"软连接"智能钻杆，每隔一段（400m左右）就设置一个信号放大器，实现信号的远程传输。2015年，美国北达科他州，钻井运营商选择了带有5in（127mm）的有线钻杆的井下自动化系统（DHAS），有线钻杆中数据的传输频率为0.4Hz，通过有线钻杆实现司钻闭环控制。DHAS得来的大量数据也有利于完善PDCA循环（策划—实施—检查—改进）。

近年来，旋转导向工具得到了很大的发展，并在各个油田中得到了应用。国外各大油服公司都有自己成熟的旋转导向工具。国内中国石油勘探开发研究院、中国石油化工股份有限公司胜利油田分公司、西安石油大学等都对旋转导向工具进行了研究，如表1-3所示。

表1-3 国内外旋转导向系统

名称	工具
美国 NOV 公司	VectorEDGE
哈里伯顿公司	Geopilot Duro
斯伦贝谢公司	Power Drive Oribt
贝克休斯公司	Auto Trak Gurve
中国石油勘探开发研究院	CGDS-1
中国石油大庆油田有限责任公司	DQXZ-01

总之，智能钻井是智能钻井系统和智能钻井工具的结合。同时，智能钻井需要井下与井上进行高速有效的信息传递，传递方式和效率的发展必然会推动智能钻井发展取得长远的进步。如何进行信息的高效传递是智能钻井发展的另一个方向，人工智能与钻井行业的结合和应用是钻井行业发展的趋势。

第二章　钻进过程地表参数测录技术

第一节　地表参数信息化网络构架

如果说泥浆是钻井工程的血液，那么钻井过程的参数检测技术就是钻井过程的眼睛。深井钻探工程是一项复杂的系统工程，是一项以未知地层为工作对象的隐蔽性工程，它的难度表现在地表以下地层深处的各种地质条件变化的不可预知性与边界条件的极端复杂性。深部钻探的检测技术被誉为钻探工程的眼睛，只有获取大量的钻探过程参数信息或井下信息才能为钻探的科学决策和钻探过程的科学施工提供重要的技术支撑。

特别是深部科学钻探，地层可能面临更多的压力体系、多构造、多复杂段穿越等系列问题，而且，为满足工程需要和科学研究需要，长时间和长井段裸眼钻进往往是常态。可以说，钻井的安全、效率和经济性都与钻进过程参数的检测息息相关。图 2-1 为地表录井参数监测系统。

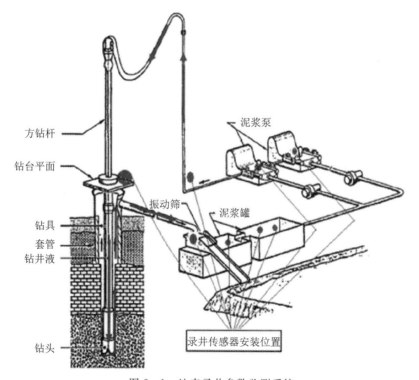

图 2-1　地表录井参数监测系统

钻井参数综合检测意义：①钻进过程的复杂性要求随时了解各参数的变化情况；②实现多参数的综合监测将为合理选择钻进规程（进行优化钻进）创造条件；③实时地监测与分析

各参数的变化情况有助于识别孔内工况和预报事故;④多参数综合监测的结果可辅助操作者判断地层变化情况。

钻井施工过程中,钻井工程事故随时发生,它是威胁钻井安全的最大隐患,同时也是影响经济效益和勘探效益的重要因素。而钻井过程参数是在钻井过程中判断地表或地下异常的重要依据,同时也是分析油气井油气储藏情况的最基础数据,以此进行分析决策,从而决定是否继续钻井或以何种方式钻井。

钻井参数按照检测位置的不同可以分为地表钻井参数和井下参数两大类。以下主要从这两个方面介绍钻井参数的检测技术。

一、地表钻井参数

钻井参数能够直接测量的主要有大钩负荷、大钩高度、立管压力、转盘扭矩、转盘转速、泵冲、钻井液进出口流量、泥浆池体积、泥浆温度、泥浆密度等,由直测参数可派生计算的参数有钻压、标准井深、钻时、大钩速度等近40个(图2-2)。

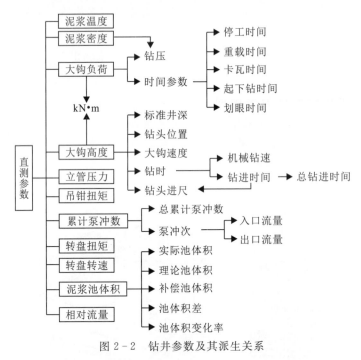

图2-2 钻井参数及其派生关系

二、地表钻参系统

国内钻井仪表及记录仪器是我国钻机中配套最薄弱的部分,由于水平落后,限制了钻井水平的提高。多年来,钻井工作者一直致力于钻井仪表的研究、改善与提高,目的是提高钻井过程中各项参数的指示与记录的准确程度。随着钻井技术的不断发展,各种指示与记录仪表相继问世,如6道参数仪、8道参数仪和其他形式的钻井参数仪,还有液面报警器等参数记录仪。这些仪器仪表中有的因为防震、防水、防冻等耐用性能差,经常损坏,不能适应钻井比较恶劣的使用环境;记录仪表需人工观察,手工记录,有的只能报警,不能记录,并且记录的数据只能靠人工来分析，而过去使用的参数仪从传感器到计算机的传输都是有线传输，在现场使用过程中，已不能满足钻井现场使用环境和记录的要求。

目前钻井参数仪表正在由过去的机械、液压仪表向数字化、智能化、集成化和网络化方向发展。一次仪表向集成、高精度、低漂移发展；二次仪表向计算机处理、绘图成像、智能方向发展；程序软件向人机界面图符化、处理信息大型化、多功能化发展；数据传输向网络化、因特网方向发展。

国内外有很多研究机构和公司进行钻井仪表的研究和制造，且国内外研究机构和公司有联合。湖北江汉石油仪器仪表股份有限公司与美国 Petron 公司合作生产的钻井多参数仪成为国内各类钻机首选配套仪器。四川石油管理局成都总机厂的 M/C 系列钻井检测仪是与美国 M/D Totco 公司合作开发的。中国石油天然气集团公司重庆仪器厂也引进了 M/D Totco 钻井仪表，通过消化吸收研制出国产的钻井仪表，性能基本达到国外先进水平。此外，国内还有多家公司也在生产钻井常规仪表，如中国石油集团川庆钻探工程有限公司研制的 ZCJY 型钻井参数监测仪、浙江中恒仪器仪表有限公司生产的 SZJ-CT 型钻井多参数仪、湖北荆鹏软件公司研发的 JP-ZCYA（JP-ZCYB）钻井参数仪、中原油田钻井研究院研发的 ZLJ-2000 型数字化钻井参数仪、重庆大学研制的钻井工程实时多参数监测系统、中国地质大学（武汉）深部钻探课题组研制的配套岩心钻探的系列仪器等。

1. M/D Totco 钻井检测仪

M/D Totco 钻井检测仪为美国的 M/D Totco 公司产品，所有部件采用原装的 M/D Totco 产品。显示仪表台既有液晶显示，又有指针表显示（图 2-3）。VIP 工作站采用原装 M/D Totco 的英文界面（图 2-4），由传感器、司钻显示表台、数据采集单元（DAQ）、VIP 工作站、软件系统五大部分组成。监测参数包括大钩悬重、转盘扭矩、立管压力、吊钳扭矩、转盘转速、泵冲速、出口排

图 2-3 M/D Totco 司钻台

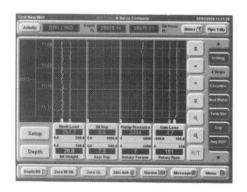
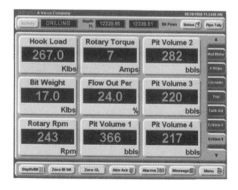

图 2-4 M/D Totco VIP 工作站

量、泥浆体积、井深等钻井参数，同时衍生出钻压、大钩位置、大钩速度、机械钻速、吨公里、泥浆总体积及增加漏失等参数。

2. M/C Drillwatch 钻井监测仪

M/C Drillwatch 钻井监测仪（以下简称仪表）是中国石油天然气集团公司重庆仪器厂与美国 M/D Totco 公司合作生产的新产品，产品吸收了 M/D Totco 公司的先进技术，主要关键件采用 M/D Totco 的产品，并结合各国钻机及仪表使用者的实际情况精心设计和制造。该仪表用于监测钻井过程中多个钻井参数变化情况，是司钻、钻井工程师必不可少的得力"助手"，仪表主要有9个测量系统，可以监测大钩悬重、转盘扭矩、立管压力、吊钳扭矩、转盘转速、泵冲速、出口排量、井深、泥浆体积等钻井参数，以及派生参数（包括钻压、大钩位置、大钩速度、机械钻速、泥浆增减量及总体积等）。

整套仪表包括显小表台、VIP 计算机工作站、数据采集单元（DAQ）、各测量单元系统的一次仪表线（即传感器）、电缆线及有关安装附件、稳压电源、在线式 UPS 电源、液压管仪器系统（图2-5）。

3. ZCJY 型钻井参数监测仪

中国石油天然气集团川庆钻探工程有限公司引进、消化、吸收国外先进技术，结合用户实际情况而设计、制造的钻井参数仪，用于监测钻井过程中多个钻井参数的变化情况。仪表共有多个测量系统，可以监测大钩悬重、转盘扭矩、立管力、吊钳扭矩、转盘转速、出口排量、泵冲次1、泵冲次2、泥浆池体积等钻井参数。该套记录仪包括电记录仪、数据采集单元（DAQ）、各测量单元系统的一次仪表（即传感器）、压力变送器、UPS 电源、液压管线。

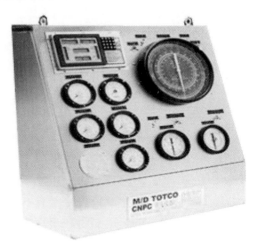

图2-5 M/C 司钻台

如图2-6所示，本套仪表的大钩悬重、立管压力、转盘扭矩均采用力变送器接数据采

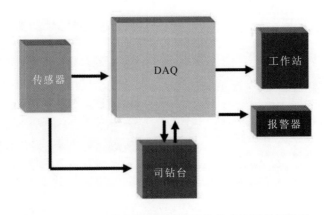

图2-6 ZCJY 型钻井参数监测仪系统构成及原理框架图

集单元（DAQ）。DAQ安装在司钻偏房内，集中处理各传感器的信号，处理后的信号通过多芯电缆将信号传送到远距离的钻井工程师室内的电记录仪，电记录仪可将各参数的变化同步记录在记录纸上，工程师还可根据需要在视窗上数显多个参数的变化情况。

采用模块化设计，现场总线技术，操作简单、功能强大，可采集、显示、存储、回放、打印主要钻井工程参数，并可派生相应的工程参数，适用于机械式钻机和电驱动钻机，可根据用户需要对工程参数任意取舍组合。软件基于 Windows NT 平台，中英文界面，对多种工况进行提示，能生成报表和参数曲线（图2-7）。

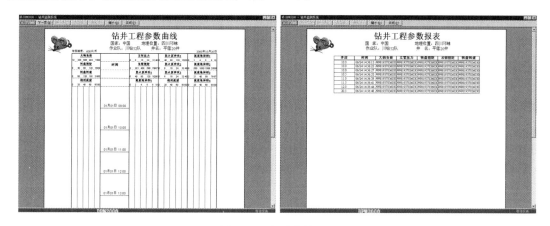

图2-7 实时参数界面

该仪表测量的直接参数有大钩悬重立管压力、吊钳扭矩、转盘扭矩、泵冲速、盘转速、口排量、大钩高度、泥浆体积，派生参数有标准井深、钻头位置、方限井深、大钩速度、钻时、大绳做功、钻压、划眼时间、钻井时间、起下钻时间、机械钻速、离开井底时间、泵排量、泵效率、单根计数、立柱计数、泵冲累积数、泵冲总和、理论池体积、池体积差。工况有钻进、划眼、循环、接单根、卸单根、起下钻、离开井底。

4. DPI系列地表钻参系统

DPI系列地表钻参系统由中国地质大学（武汉）深部钻探课题组研制。该系统可以实现关键钻进参数的监测、自动生成电子班报表、近程远程无线传输系统等功能，可广泛应用于立轴钻机、转盘钻机、全液压钻机等不同系列钻机。

该系统主要包括钻探参数采集、数据通信、现场数据处理、GPRS数据远传、因特网数据共享等部分，能为司钻人员提供参数显示平台、随钻检测地表多参数，实现安全和高效、科学地打钻。通过对钻探过程状态数据进行存储记录、分析处理，可自动记录机上余尺，自动生成电子班报表，为科学、动态地管理现场数据提供管理平台。再通过二层台监控系统减少提下钻仰头率，为安全提下钻服务，多路参数设置超限报警，为钻探提供安全监控平台，具有近程无线传输的室内监控和远程网络监控等异地监控功能。

钻参仪系统采用多参数模块化设计，它由传感器模块、数据采集模块、工控机（PC机）模块、无线发射接收模块、网络通信模块、串口通信模块、近程监控模块、远程监控模块、表头和仪器机箱等组成，软件采用虚拟仪器LabVIEW平台、串口调试助手、Keil单片机编程、PLC梯形图编程等，如图2-8所示。检测系统的工作流程如图2-9所示。

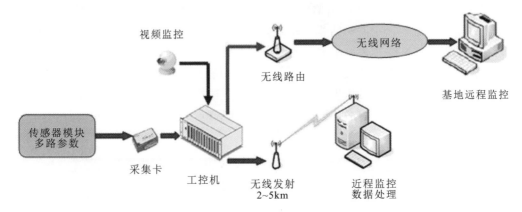

图 2-8 参数检测与监控系统结构示意图

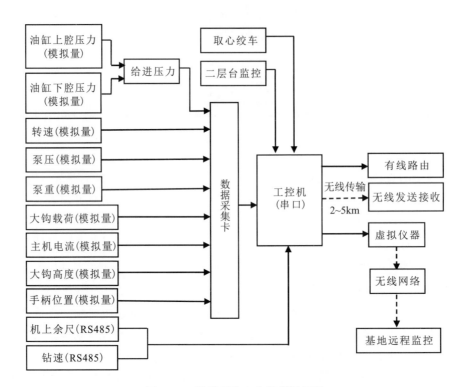

图 2-9 检测系统工作流程框架图

地表钻参仪系统的主要功能：①精确测量钻压、转速、泵压、泵量、主机电流和钻速等关键钻进参数；②实时显示孔深、回次号等；③数显表头、LabVIEW 软件平台、工控机或者 PC 机都可以实时高亮显示钻进参数；④自动测量钻机的机上余尺或方钻杆余尺；⑤判断游动滑车与二层平台之间的位置，便于挂卸提引器；⑥大钩高程参数超限自动报警，防撞顶天车；⑦数据的自动存储、回放和分析；⑧参数的录入和修改；⑨生成电子班报表；⑩近程无线发送接收功能；⑪远程网络监控功能等。钻参仪的工作界面如图 2-10 所示，主要性能参数见表 2-1。

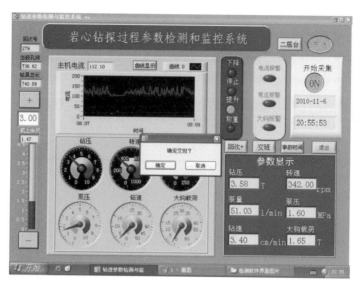

图 2-10 人机交互界面

表 2-1 主要性能参数

序号	参数	测试范围和精度	用途
1	钻压	0~4t（2%FS）	便于调整和监控深孔岩心钻探的钻进压力
2	转速	0~1500r/min（1%）	精确测试回转转速以适应金刚石钻进
3	泵压	0~10MPa（1%）	监控泵的工作状态、钻进工况和钻进泥浆的压力损失
4	钻速	0~10m/min	用于实测不同碎岩工具与岩石的适应能力
5	机上余尺	（0~5）m±1.5cm	直接读取进尺，免人工测算
6	主电机工作电流	0~200A，精度2%	监控电流并超限报警
7	大钩载荷	单绳0~10t，精度5%	测钻具质量和提升阻力以确保深孔提升安全，设报警
8	泵量	0~250L/min，精度2%	循环液流量监控
9	二层台监控	2m×2m	便于观察挂摘提引器过程以保安全，减少司钻的仰头率
10	游动滑车位	0~26m	防撞顶、便于起下钻空间位置监控、读余尺

第二节 地表难检参数的检测技术

一、钻探难检参数之绞车绳计长

绞车是钻井装备中的主要设备之一，钻机主绞车实现钻具的起降，绳索取心绞车是实现绳索打捞的专用设备，测井绞车是仪器下放和提升的必备设备。绞车的运动是回转运动，但工程上更关注缠绕绞车之上的钢丝绳吞吐长度，如主绞车上钢丝绳的吞吐长度与大钩位置紧密相关。大钩位置与钻进速度、起下钻过程中的钻头位置、钻进过程中的工况识别，如钻进、起下钻、接单根、划眼、循环泥浆、活动钻具（上提/下放）等均有关系。大钩（绞车）的运动与钻井工况可以由相关的录井参数来表征，如大钩负荷、大钩高度、转盘转速、立管压力等。在钻进状态下，进尺在数值上等于钻柱的行程，而钻柱的行程又等于水龙头或游动滑车的行程。各种钻井状态与录井参数之间的关系如表2-2所示。

表2-2 各种钻井状态的判别

钻井工况	钻头与井底相对位置	大钩运动方向	大钩负荷
钻进	接触井底	下行	重载
上提钻具	脱离井底	上行	重载
下放钻具	未到井底	下行	重载
循环钻井液	未到井底	停	重载
接单根		上行	轻载
接单根入鼠洞	未到井底	下行	轻载
起下钻、修理		停	轻载

由表2-2可以看出：钻进时，大钩负荷为重载。大钩负荷为轻载时，意味着钻柱座在转盘上（坐卡），为非钻进状态。钻进的一个必要条件为水龙头下行。但是水龙头下行和大钩重载仍然不能判断一定就是钻进状态，还有可能是下放钻具状态。在正常钻进时，钻头与井底接触，即"钻头距井底"为零，或者说"钻头位置"等于井深，只有同时满足大钩重载、水龙头下行和钻头接触井底（以及转盘转速、立管压力不为零）3个条件时，才可以断定钻机处于钻进状态。也只有在这种情况下，才可以通过对大钩或水龙头位移的测量进行进尺、井深和钻速的测量记录。

可见，钢丝绳的长度计量是需要测量的直接参数，其他参数的测量是依托钢丝绳吞吐长度间接计算出来的派生参数。即大钩高度作为基本参数，由此派生的参数有进尺、钻时（钻速）、井深等。进尺的累计即为井深，单位时间的进尺为机械钻速（m/min），而单位进尺所花的时间则称为钻时（min/m）。钻速和钻时是互为倒数的关系。

钻井行业离开了井深，大部分录井参数都将失去意义，因此，井深是录井过程中最重要的参数。井深测量是通过测量大钩高度实现的，井深参数测量系统的核心传感器就是绞车传感器，因此依托绞车传感器进行绞车绳计长测量非常关键。

绞车绳计长通过安装在钻机滚筒（绞车）轴上的绞车传感器来实现，其基本原理是滚筒上缠绕的大绳随着滚筒的转动带动大钩升降，绞车传感器随之输出与大钩高度相对应的脉冲信号，将该脉冲信号传入服务器，通过转换和计算就可以得到实时的井深参数。

1. 测深理论模型的建立和钻井状态的判定

1）基本原理

以大钩高度为纵坐标，单位为m，以绞车脉冲计数为横坐标。坐标原点（0，0）为大钩高度的零点及绞车脉冲计数的初始点。一般规定大钩高度的零点在转盘面上，高于转盘面，大钩高度为正值；低于转盘面，大钩高度为负值。大钩高度的标定以双吊环吊上吊卡，吊卡底面到转盘面的距离作为大钩高度的计量标准。

大钩高度与绞车脉冲理论上的对应关系需要建立绞车滚筒直径、钢丝绳直径与大钩移动距离的关系。假设钢丝绳在滚筒上按层排列，忽略钢丝绳因受力而引起的形变，忽略外层钢丝绳对内层钢丝绳所产生的强烈挤压作用，忽略由钢丝绳在滚筒上的位置变化引起的滚筒到天车段钢丝绳长度的变化，设钢丝绳在滚筒上以正三角形排列，如图 2-11 所示。

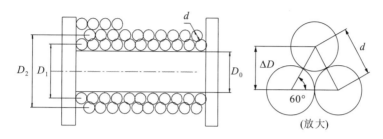

图 2-11 大绳在滚筒上排绕结构与大绳层位变化增量关系

此时，钢丝绳每层的缠绕直径存在以下关系：

$$D_1 = D_0 + d \tag{2-1}$$

$$D_2 = D_1 + \sqrt{3}d \tag{2-2}$$

滚筒上大绳每增加一层，相当于滚筒实际缠绕直径增量 ΔD 为：

$$\Delta D = 2\sqrt{d^2 - \left(\frac{d}{2}\right)^2} = \sqrt{3}d \tag{2-3}$$

依此类推：

$$D_i = D_1 + (i-1)\sqrt{3}d \quad (i=1,2,\cdots,7) \tag{2-4}$$

式中，d 为大绳直径，cm；D_0 为滚筒直径，cm；D_1 为在滚筒上第 1 层大绳绕一圈的直径，cm；D_i 为在滚筒上第 i 层大绳绕一圈的直径，cm，滚筒上一般排绕 7 层大绳。

每当绞车滚筒转动一圈，则大钩移动距离为：

$$H_i = \frac{\pi D_i}{M} \tag{2-5}$$

式中，H_i 为某一层钢丝绳对应的大钩移动距离，cm；D_i 为某层实际缠绕直径，cm；M 为天车变速比。

天车变速比与大绳股数有关，是指当滚筒的圆周运动转变为大钩的直线运动之间的转换系数。它主要取决于天车（固定滑轮组）和游动滑车（动滑轮组）所穿的绳索数。

设绞车传感器每转动 360°，鉴相器能输出 n 个脉冲，则大钩移动单位距离的脉冲数为：

$$K_i = \frac{n}{H_i} \tag{2-6}$$

由式（2-5）和式（2-6）可得：

$$K_i = \frac{Mn}{\pi D_i} \tag{2-7}$$

式中，K_i 为在某一层数时，大钩移动单位距离，如 1cm 时，鉴相器输出的脉冲数。

2) 钢丝绳层位的判别

在缠绕钢丝绳时，为确保安全，滚筒的第一层钢丝绳中保留几圈预缠绳，即在大钩高度等于零时，滚筒上还剩余一定圈数的钢丝绳，将这些剩余钢丝绳圈数定义为 T，这些钢丝绳在滚筒转动时，始终不会产生脉冲数。

(1) 层位的判别。每一整层所能发出的脉冲数为：

$$K_0 = \mathrm{INT}(\frac{L}{d} + 0.5)n \tag{2-8}$$

式中，K_0 为每一整层所发总脉冲数；L 为滚筒长度，cm；n 为滚筒每转动一周鉴相器输出的脉冲数；d 为大绳直径，cm；INT 为取整函数。

第 1 层中，未发出的预缠绳脉冲数为：

$$K_0' = Tn \tag{2-9}$$

式中，K_0' 为第一层未发出脉冲数；T 为大钩高度为零时滚筒上剩余大绳圈数；n 为滚筒每转动一周鉴相器输出的脉冲数。

则第 1 层中能发出的脉冲数为：

$$N_1 = K_0 - K_0' \tag{2-10}$$

当每一层结束时（考虑到第一层未发出的脉冲数），所发脉冲数为：

$$N_i = K_0 + N_{i-1} \tag{2-11}$$

根据采集到的脉冲总数与 $N_1 \sim N_i$ 相比较，看其落在哪两个值之间，即可判断其在哪一层中。

(2) 大钩高度的计算。当层数已经确定时，可以计算在某一具体层位时，脉冲所对应的大钩高度。

第 1 层对应的大钩高度为：

$$H_1 = \frac{X}{K_1} \tag{2-12}$$

如此类推，第 i 层对应的大钩高度为：

$$H_i = H_{i-1} + \frac{X - N_{i-1}}{K_i} \tag{2-13}$$

式中，H_i 为第 i 层大钩对应高度，cm；X 为采集所得 16 位计数器中的脉冲总数。

式 (2-13) 表征了在某一具体层位脉冲所对应的大钩高度。由于标定深度单位为 cm，而实际使用单位为 m，式中 H_i 经转换才能输出。同时任何深度系统都有一定的系统误差，要求随时都能校正，因此可得：

$$H_m = B \times \frac{\mathrm{INT}(H_i)}{100} \tag{2-14}$$

式中，H_m 为校正后的大钩高度，m；B 为系统校正系数。

3) 钻头位置的计算与钻井状态的判别

(1) 钻头位置和井深的计算。钻头的位置可由大钩的位移求得。在大钩重载情况下，大钩的位移等于钻头的位移。在钻柱坐卡情况下，大钩为轻载。此时大钩的运动与钻头位置无关。假设在 t_0 时，井深为 H_0；在 t_1 时，大钩与钻头均向上移动 ΔH_0，此时，钻头位置等于 $H_0 - \Delta H_0$，但井深仍然为 H_0。当钻头位置达到井深位置时，钻头已经接触井底，如果钻头继续下移，则为钻进状态。

(2) 钻井状态的判别。钻井状态包括初级钻井状态和次级钻井状态,系统根据采集参数首先判别初级钻井状态,然后确定次级钻井状态。初级钻井状态主要根据坐卡和解卡状态以判断重载和轻载状态。次级状态包括钻进状态、离开井底状态、划眼和起下钻状态。

大钩重载(ON-HOOK)和轻载状态(ON-SLIP)的判定。判断大钩重载或轻载有两种方法:一是设置坐卡门限和解卡门限,若大钩负荷<坐卡门限时,状态为轻载(ON-SLIP);若大钩负荷>解卡门限时为重载(ON-HOOK)状态。如图 2-12 左所示。二是当测量大钩负荷<ON-SLIP 门槛时,判定为轻载(ON-SLIP),当测量大钩负荷>ON-SLIP 门槛时,仍需进一步判断:(理论大钩负荷-测量大钩负荷)>质量差值门槛时,判断为 ON-SLIP;(理论大钩负荷-测量大钩负荷)≤质量差值门槛时,判断为 ON-HOOK,如图 2-12 右所示。

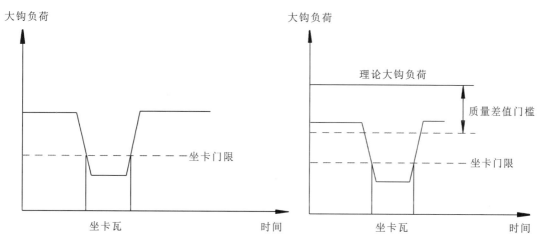

图 2-12 初级钻井状态模型

次级钻井状态的判定。次级钻井状态分为钻进、离井底、划眼和起下钻 4 个状态,它代表了整个钻井过程的不同工况。判断次级钻井状态的主要根据是钻头与井底的相对位置、是否循环钻井液、有无转速、方钻杆是否接上等参数状态以及前序次状态。根据起下钻门槛、离井底门槛与井深和钻头位置的差值的比较,可分成 4 个区,如图 2-13 所示。

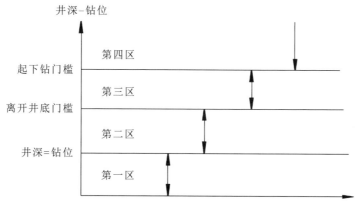

图 2-13 次级钻井状态分区

第一区：井深－钻头位置≤0，此时次级钻井状态分为钻进状态。

第二区：0<井深－钻头位置≤离开井底门槛值，此时4种次级钻井状态均可能出现，要根据原来钻井状态加以判定，处于此区时继续延续原来的钻井状态。

第三区：离开井底门槛<井深－钻头位置≤起下钻门槛，此时可能存在的钻井状态为离开井底、划眼和起下钻，处于此区时，继续延续原来的钻井状态，若原钻井状态为钻进，则变为离开井底。

第四区：井深－钻头位置>起下钻门槛，此时可能存在的钻井状态为划眼和起下钻，对于划眼和起下钻的区分可根据是否接有方钻杆来判定，若接有方钻杆，为划眼，否则，为起下钻。

钻井液循环状态的判定。为判断循环系统是否循环，设置了一个门限泵压，即最小循环压力 p_{min}，若立管压力大于且等于最小循环压力 p_{min} 时，判定为循环，反之为停循环，为了保证判断无误，即压力传感器失效时循环状态的正确判断，通过入口流量辅助判断，石油钻井一般流量设定为 10L/s。

钻头离井底状态的判定。根据钻头离井底门限值、当前钻头位置以及当前井深来判断钻头是否离井底。若井深与钻头位置的差值大于钻头离井底门限值，则钻头提离井底。

方钻杆接卸的判定。当大钩负荷小于卸下方钻杆门限值（此时大钩负荷仅为游动滑车质量）时判别为方钻杆已卸下，反之判为方钻杆已接上。

接卸钻具的判断。当主状态由轻载变为重载时，需要确定是接钻具还是卸钻具，以及接卸的钻具长度和类型。判别方法如下：当主状态由重载变为轻载时，记下此时的大约高度 H_{H0}，而由轻载重新变回重载时的大钩为 L_2，则钻具接卸长度为：

$$L = L_2 - H_{H0} \tag{2-15}$$

当 $L>0$ 时，为接入钻具；当 $L<0$ 时，为卸下钻具。

如果 $L<$最小钻杆长度，说明接卸短节；如果最小钻杆长度$<L<$最大钻杆长度，说明接卸钻杆单根；如果 $L>$最大钻杆长度，则说明接卸立根。

钻具运动方向的判定。当 $L>0$ 时，钻具向下运动；当 $L<0$ 时，钻具向上运动。

2. 绞车绳计长传感及测试技术

钻机绞车滚筒钢丝绳计长是采用绞车传感器作为深度变送装置，必须要解决以下4个问题。

（1）绞车传感器连接在绞车轴头上，与滚筒一起回转，传感器的信号必须能反映出绞车的正转与反转，以及绞车的转动圈数或角度。

（2）由于悬挂大钩的大绳是多圈和多层缠绕在绞车滚筒上，大钩移动距离与滚筒转动角度有直接关系。

（3）由于滚筒上每层大绳的缠绕周长不同，在不同的层上滚筒转动一圈所对应的距离也不同，所以需要判断绞车上外层大绳所处的层数。

（4）由于不同钻机的结构，大绳直径、天车变速比均不同，测试时需要与实际吻合。

绞车传感器是一种增量型旋转编码器，结构上由一个定子部件和一个转子部件组成。其转子与滚筒轴固定在一起，当大钩上提下放时，滚筒转动，转子随之转动。转子部分通常采用一个具有12个方齿的钢片。定子部件为一个金属圆盘外壳固定不动，定子槽中埋设传感器敏感头，如霍尔元器件或光电组件。当大钩运动时，传感器转子部件随滚筒转动，转子齿轮的齿与齿间空交替通过定子中探测头的空隙，传感器输出脉冲信号。脉冲信号被信号处理电路加以处理后，用于测量钢丝绳长度，同时得出实时井深。

目前常用的检测元件有霍尔效应式和光电式两种。霍尔式绞车传感器如图 2-14 所示，超小型双脉冲探头以 90°相位差平卧在定子槽中，当转子转动时，转盘上的 12 个齿钢片使霍尔元件的磁通量不断改变。两路霍尔传感器输出具有 90°相位差的 2 组脉冲信号（图 2-15）。每一路的每个脉冲周期代表了绞车滚筒转动 30°。两路脉冲经绞车接口电路处理后变为每圈 48 个单路脉冲（上行或下行），即每个脉冲代表绞车滚筒转动 7.5°。因此，只要对该脉冲累加计数，再通过判断和计算就能得出相应的大钩位移。

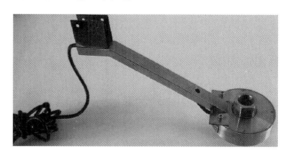

图 2-14 绞车和传感器安装示意图

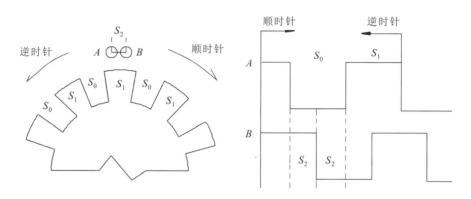

图 2-15 绞车传感器原理示意图

光电式绞车传感器的机械部分与霍尔式绞车传感器大致相同。不同之处是检测元件为光敏元件和红外发光管。图 2-16 是光电式绞车传感器的结构与检测电路。D_1、D_2 为红外线发光二极管；T_1、T_2 为光敏三极管。当遮光片（光齿）阻断红外线时，光敏三极管的基极没有输入信号，T_1、T_2 处于截止状态，输出脚 A（或 B）输出低电平；当遮光片未阻断红外线时，红外线照射到光敏三极管的基极，T_1、T_2 处于导通状态，输出脚 A（或 B）输出高电平。

由于绞车传感器采用的是 12 齿的转子，为了产生准确的相位差为 90°的脉冲信号，绞车传感器的两个光电开关探头中心点的安装位置角度差必须为 15°的奇数倍，即当一个探头正对着某一齿时，另一个探头只遮挡另一齿的一半。

由绞车传感器输出相位差为 90°的 A、B 两相脉冲信号一般要通过光电隔离、鉴相、计

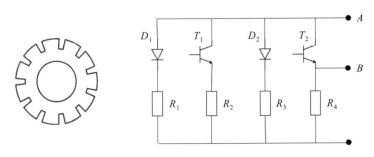

图 2-16 光电式绞车传感器结构与检测电路原理

数和信号处理后,方可得到绞车(大钩)的运动脉冲和方向信号。

为了满足准确处理信号的要求,需要对绞车的输出信号进行滤波整形,然后再进行下一步处理。首先通过双通道的光电隔离器对绞车传感器的输出信号进行隔离滤波,去除信号中的干扰信号,然后采用施密特触发器对滤波后的信号进行整形,使整形后的信号与标准的数字信号相匹配。经过滤波整形之后的波形如图 2-17 所示。图中信号 A 波形变宽处为绞车转动方向变为原来方向的反向。

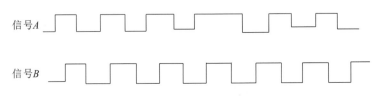

图 2-17 整形滤波后绞车传感器输出波形

经过滤波整形之后的信号需要进行鉴相、倍频和计数等处理。鉴相的目的是区分绞车正、反向时的两种信号波形,判断绞车的转动方向,以便决定对绞车脉冲计数时是递增计数还是递减计数,进而确定大钩的运动(升或降)方向。

鉴相使用 D 触发器就可以实现,倍频电路使用单稳态芯片来检测,每对脉冲信号就能产生 4 个脉冲信号,构成四倍频的脉冲信号。计数使用计数器芯片完成,鉴相信号用于控制计数器的加减计数,四倍频信号作为计数器时钟信号。

从任意一路信号波形的边沿类型(上升沿或下降沿)、相同信号的电平(高电平或低电平)及绞车转动方向(正向或反向)的对应关系上分析,绞车传感器的输出波形存在着如表 2-3 所示的特征。经

表 2-3 波形边沿、电平及绞车转向的对应关系

序号	信号 A	信号 B	绞车转向
1	上升沿	低电平	正转
2	下降沿	高电平	正转
3	高电平	上升沿	正转
4	低电平	下降沿	正转
5	上升沿	高电平	反转
6	下降沿	低电平	反转
7	高电平	下降沿	反转
8	低电平	上升沿	反转

过对表 2-3 中各个对应关系的分析,要在两路信号的边沿处判断出绞车的转动方向,必须确定以下 3 个条件:①该边沿的信号源属于信号 A 还是信号 B;②该边沿的类型是上升沿还是下降沿;③该边沿所对应的另一路信号的电平是高电平还是低电平。

目前大多是由单片机系统来处理绞车传感器的信号，如 MCS-51 系列的单片机。首先利用单片机两个外部中断，使两路绞车信号的边沿产生中断，再通过两个 I/O 口来读取两路绞车信号的电平，然后根据表 2-3 中条件进行判断，便可得出鉴相结果（正转或反转），再对绞车脉冲计数进行相应的加减计算，完成计数。计数结果通过串口发送给上位机，由录井计算机软件计算出相应的深度。

具体硬件实现原理如图 2-18 所示，两路绞车信号经处理后的信号 A 和信号 B 分别接至 P0.3 和 P0.4，用于读取两路信号的电平；经信号取沿后的信号 A 和信号 B 分别接至 P3.2（INT0 为外中断 0）和 P3.3（INT1 为外中断 1），利用中断函数进行鉴相和计数。

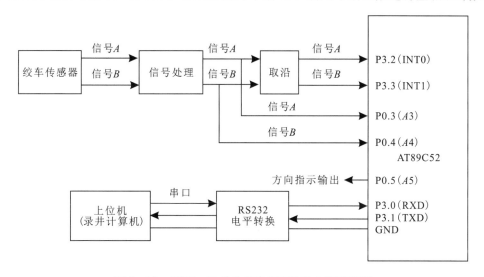

图 2-18　MCS-51 单片机鉴相和计数电路原理图

INT0 中断函数的判断过程是：由于 INT0 与取沿后信号 A 相联，首先可以确定鉴相的第 1 个条件，即边沿的信号源是信号 A，然后读取 P0.3 口；根据读取结果可以确定鉴相的第 2 个条件，即该边沿是上升沿还是下降沿，如果 P0.3 口信号为 1，则说明边沿是上升沿，反之是下降沿；再读取 P0.4 口，则可确定鉴相的第 3 个条件，若 P0.4 口信号为 1，则信号 B 是高电平，反之，信号 B 是低电平。以上 3 个鉴相条件确定后，就可以根据表 2-3 的对应关系得出鉴相结果，根据鉴相结果进行加 1 或减 1 计数。

同理，INT1 中断函数与 INT0 中断函数判断过程相同，因此 INT1 中断函数可以完成信号 B 边沿触发时的鉴相和计数。

编程的方法：在代码实现过程中，可以定义一个全局的字节变量 DwkStat 作为绞车信号状态字，分别用位 1、位 2 和位 0 来表示鉴相的 3 个条件内容，定义如下。

位 2（bit2）表示触发边沿的信号源，0 表示信号 B，1 表示信号 A。

位 1（bit1）表示触发边沿的类型，0 表示下降沿，1 表示上升沿。

位 0（bit0）表示另一信号的电平，0 表示低电平，1 表示高电平。

根据表 2-3 中的对应关系，对每一种情况进行分析，分别判断出相应状态字 DwkStat 的上述 3 位的值，计算出状态字 DwkStat 的值，并重新列出状态字与绞车转动方向的对应关系（表 2-4）。

表 2-4 状态字 DwkStat 的值与绞车转向的对应关系

序号	信号 A	信号 B	绞车转向	状态字 DwkStat 的值	
				二进制	十进制
1	上升沿	低电平	正转	110	6
2	下降沿	高电平	正转	101	5
3	高电平	上升沿	正转	011	3
4	低电平	下降沿	正转	000	0
5	上升沿	高电平	反转	111	7
6	下降沿	低电平	反转	100	4
7	高电平	下降沿	反转	001	1
8	低电平	上升沿	反转	010	2

从表 2-4 可以看出：当状态字 DwkStat=0，3，5，6 时，绞车为正向转动；当状态字 DwkStat=1，2，4，7 时，绞车为反向转动。

图 2-19、图 2-20 分别为 INT0（接取沿后信号 A）和 INT1（接取沿后信号 B）中断函数完成鉴相和计数的流程图。

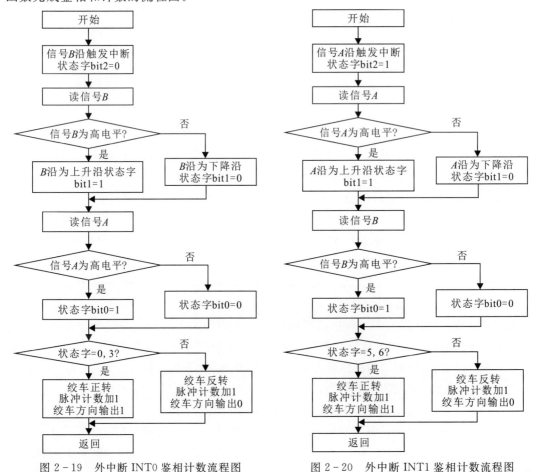

图 2-19 外中断 INT0 鉴相计数流程图　　图 2-20 外中断 INT1 鉴相计数流程图

二、钻井液流变性能在线检测

钻井液流变性能是指在外力作用下,钻井液发生流动和变形的特性。钻井液流变性能对钻井的主要影响包括钻进速度、环空携带岩屑能力、井壁稳定性、井内压力激动、钻井泵压和排量、固井质量等。恰当的流变性能可以将井底岩屑快速地携带到地面,提高钻速,降低功耗,保证钻井安全,从而提高经济效益。流体分为牛顿型流体和非牛顿型流体,其中非牛顿型流体又分为塑性流体、假塑性流体、膨胀性流体。现场使用钻井液多为塑性流体和假塑性流体。现在的石油标注中钻井液测试使用的为六速旋转黏度计,通常在钻进现场一天采样做2~4次泥浆测试,远不能满足实时采集钻井液流变性能的要求。实时测试钻井液流变性能可以在地层变化或钻遇特殊地层时,及时发现泥浆性能的改变,预防钻井风险;为智能钻探提供数据,建立相关泥浆优化模型,实时控制泥浆性能与钻进参数,提高钻进效率。

目前对钻井液流变性能在线检测的方法主要包括两种:在线六速旋转黏度计和管道流变仪,但目前都处在现场试验阶段,并未在现场进行长期应用。

1. 在线六速旋转黏度计

钻井液流变特性的测量标准采用的仪器是六速旋转黏度计(图2-21),将钻井液放置在样品杯内,电机经过传动装置带动外筒恒速转动,借助于被测液体的黏性作用于内筒,从而产生一定的转矩,带动与扭力弹簧相连的内筒产生一个角度。该转角的大小与液体的黏性成正比,于是液体的黏度测量转换为内筒转角的测量。通

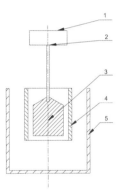

1. 读数盘;2. 扭簧;3. 内筒;4. 外筒(转子);
5. 样品杯。

图2-21 六速旋转黏度计设备与原理图

过测量钻井液在6种转速(3r/min、6r/min、100r/min、200r/min、300r/min、600r/min)下内筒的扭转角后,便可以计算分析得出钻井液的表观黏度、塑性黏度、动切力、静切力、终切、流性指数、稠度系数等流变性能。

在标准的六速旋转黏度计基础上改进,即可变成在线六速旋转黏度计,对钻井液的流变性能进行在线检测。改进方法为加入控制电路来控制电机的转速,将读数盘的读数变成电信号输出,加入钻井液回路以使钻井液自动填充样品杯。国外比较常用的改进的旋转黏度计为TT-100(图2-22),由Brookfield公司生产,钻井液在压力的驱动下占据了测量室,外圆柱体被驱动旋转,由阻力而引起内圆柱体的挠曲。该系统允许轴向流动,并因此允许间隙内的流体更换。钻井液对内筒的扭矩被转换成电信号,用于监控剪切应力。但由于标准六速黏度计内外筒之间的间隙较小,仅为1.17mm,钻井液中固体

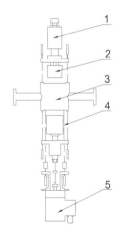

1. 扭矩信号;2. 内筒;3. 测量室;4. 外筒;5. 电机。

图2-22 TT-100黏度计

颗粒或者凝胶会堵塞仪器，导致仪器失效。

2. 管道流变仪

管道流变仪相对于旋转黏度计可以提供更可靠的结果和更好的自动化程度。同时在管路上加上其他传感器可以检测钻井液的其他性能参数，如密度、pH 值等。其原理如图 2-23 所示，在不同流速下测试管道的壁切应力。测试器材需要 1 个变量泵、1 个流量计、1 个已知泥浆密度的流体和在两个压力计测量直管测试段中的压差。管道流变仪可以在层流、过渡和湍流状态下进行测量，使用层流状态中的数据来确定表征屈服幂律流体的非牛顿流变常数。在过渡和湍流状态下获得的数据可用于实时确定临界雷诺数和摩擦因数，相关计算公式如下。

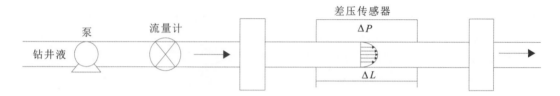

图 2-23 管道流变仪示意图

壁切力的计算：

$$\tau_w = \frac{D}{4} \frac{\Delta P}{\Delta L} \tag{2-16}$$

式中，τ_w 为壁切力，Pa；D 为管内径，m；ΔP 为摩擦压力损失，Pa；ΔL 为测试段管长，m。

钻井液流速的计算：

$$v = \frac{4Q}{\pi D^2} \tag{2-17}$$

式中，v 为钻井液流速，m/s；Q 为钻井液流量，m³/s；D 为管内径，m。

为了验证流动状态，雷诺数可以通过泥浆速度、密度和壁面剪应力计算得出：

$$\mathrm{Re} = \frac{8\rho v^2}{\tau_w} \tag{2-18}$$

式中，τ_w 为壁切力，Pa；v 为钻井液流速，m/s；ρ 为钻井液密度，kg/m³。

通过层流数据得到流变图，再用来计算每种流速下的流性指数 N。

$$N = \frac{\mathrm{d}(\ln \tau_w)}{\mathrm{d}\left(\ln \frac{8v}{D}\right)} \tag{2-19}$$

式中，τ_w 为壁切力，Pa；v 为钻井液流速，m/s；D 为管内径，m。

剪切速率的计算：

$$\dot{\gamma} = \frac{8v}{D}\left(\frac{3N+1}{4N}\right) \tag{2-20}$$

根据剪力和剪切速率数据，使用 Herschel-Bulkley 模型得出钻井液的流变曲线：

$$\tau_w = \tau_y + K(\dot{\gamma})^m \tag{2-21}$$

式中，τ_w 为壁切力，Pa；m 为流性指数；τ_y 为动切力，Pa；K 为相关系数；$\dot{\gamma}$ 为剪切速率，s⁻¹。当 $\tau_y = 0$ 时，该模型与幂律模型相同。当 $m = 1$ 时，为宾汉模型。当 $m = 1$ 且 $\tau_y = 0$，

则模型简化为牛顿模型。

目前国外进入现场试验阶段的管道流变仪有得克萨斯大学奥斯汀分校 Sercan Gul 设计的管道流变仪（图 2-24）和挪威国家石油公司的管道流变仪（图 2-25）。Sercan Gul 设计的管道流变仪系统包括 1 个两桶储罐、2 个自动气动阀、2 个 8kW 加热器、1 个变频驱动的离心泵、1 个科里奥利流量计、1 个含水率分析仪、2 个隔热水平管段、4 个绝对压力传感器及 1 个 PLC 和 Linux 数据采集和控制系统，以测量不同流量下直管内的摩擦压力损失。管道流变仪的数据分析及其后续通信都是完全自动化的，不需要人工干预。流动回路的测试段长度分别为 1.25m 和 3.80m，外径为 2.54cm。

图 2-24　Sercan Gul 设计的管道流变仪

国内在现场试验的管道流变仪主要是中石化胜利石油工程有限公司钻井工艺研究院设计的变径异型管式钻井液流变性在线监测装置，主要由螺杆泵、质量流量计、变径异型管、差压传感器组、预剪切管管线等组成（图 2-26 和图 2-27）。①螺杆泵：在整个系统中起到提供流动动力的作用，可将钻井液输送到指定管路中。②温度补偿：为了消除钻井液温度对差压传感器的影响，在变径异型管内部、差压传感器引压管处增加热电阻 PT1000。测量差压传感器探

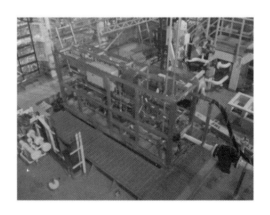

图 2-25　挪威国家石油公司的管道流变仪

头和引压管线处的温度，以便消除钻井液温度变化对测量的影响。在差压变送器内部增加热敏二极管，消除环境温度变化引起的测量误差。③预剪切增加测量的稳定性：在进入变径异型管之前，增加一个管径较小的管，以便在测量钻井液前对钻井液充分剪切，提高钻井液测量的稳定性。④软管缓冲作用：在质量流量计和异型管之间安装 1m 的波纹管，以消除质量流量计的振动对测量的影响。⑤压力传感器：采用平面膜差压传感器测量差压，将测量点的压力数据实时记录，并传递到数据采集系统。⑥变径异型管：采用改变流动通道面积和形状的方法改变速度梯度。

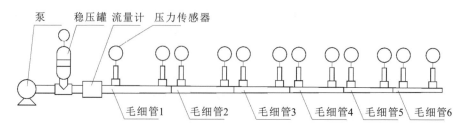

图 2-26　变径异型管式钻井液流变性在线监测装置

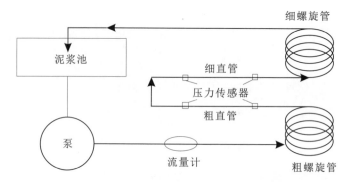

图 2-27　螺旋管流变仪实验流环系统示意图

由于管道流变仪体积较大，为了缩小体积，可以采用螺旋管流变仪，Sercan Gul 设计了一种螺旋管流变仪，如图 2-27 所示，并采用机器学习的方法进行回归分析来估计摩擦因数及钻井液流变性能。该系统包括 4 个测试部分（2 个水平的直管和 2 个垂直的螺旋管）、4 个压差传感器、1 个 40L 的储液罐、1 个科里奥利流量计和变频驱动的螺杆泵。螺旋管道流变仪的方法可以极大地缩小管道流变仪的体积。

在线六速旋转黏度计与标准测量方法最为相似，因此具有最高的准确性，并且可以测量所有钻井液的流变特性。但是，转子和定子之间的间隙很窄，钻井液中的固体直径必须小于 1mm。固体或凝胶颗粒可能会沉淀在黏度计中，因此在线六速旋转黏度计很容易被塞住。使用不便，需要定期清洁和维护。该黏度计适用于黏度低、固体含量低的钻井液。与在线六速旋转黏度计相比，管道流变仪提供了更好的自动测量技术。钻井液中的固体和凝胶颗粒不会沉淀在管道中。通过扩展管道添加其他传感器，可以获得其他变量，如流体密度、温度、临界雷诺数和实时摩擦系数。但是它不能测量 10s 初切和 10min 终切强度。管道黏度计体积大，安装空间大。与管式黏度计相比，螺旋式管式黏度计具有明显的优点，体积小，摩擦压力损失曲线更一般。同时，螺旋管增加了摩擦压力损失，延缓了流动状态的转变，因此，可以使用螺旋管黏度计在层流状态下收集更多的数据，从而提高低剪切流变参数估计的准确性，但是螺旋管黏度计的理论仍需要发展。

当前的在线测量系统很大，仪器的实用性还不太好，有两种便捷的方法可以考虑。第一种，使用随钻测量技术实时测量钻柱和环空中的压力，即可准确获得钻井液循环当量密度。钻杆和环空可以当大型管道流变仪，从而计算出钻井液的流变性能。第二种，很多文章中介绍使用超声来测量流体参数，但是钻井液的组成很复杂，超声衰减与许多因素（温度、密度、黏度、固相含量）有关，因此，需要通过仿真和实验来发展该理论。这两种方法的安装测试都很方便，但是还需要进一步的技术和理论研究。

泥浆的在线测试，不仅能及时提供泥浆的性能指标，为调整和维持泥浆性能提供参考，而且形成的电子数据有利于重现历史，对泥浆性能变化的内在原因进行科学分析。图 2-28 为一种新的钻井液性能在线测试系统，其能测量的主要性能指标有以下几种。

(1) 密度：$1 \sim 2.2 \text{g/cm}^3$；精度：0.01g/cm^3。
(2) 黏度：$15 \sim 50 \text{s}$；精度：$\pm 1 \text{s}$。
(3) 含砂量：$0 \sim 10\%$；精度：0.1%。
(4) 失水量：0.7MPa 条件下，$0 \sim 50 \text{mL}$；精度：0.1mL。

图 2-28 钻井液性能检测装置

(5) pH 值：$5 \sim 14$；精度：0.01。
(6) 测量时间：半小时测量一次。
(7) 显示、控制方式：显示屏，分开控制每个参数。
(8) 清洗方式：手动清洗按钮或定期清洗。

第三节 基于地表钻进参数的风险判别

由于地层的复杂性以及孔内工况的不确定性，钻探（井）工程是一个复杂的系统工程，还是国际上公认的风险行业，具有耗资大、风险高的特点。钻进过程是多因子相互作用相互影响的、复杂的动态过程，除受地层客观因素的严重影响，如地层应力、破碎程度、矿物成分、硬度、研磨性、孔隙度、地温、岩石种类、自然状态等影响外，还与勘探装备、钻探机具、泥浆性能和钻进规程参数等息息相关。对这样一个复杂过程的描述与研究，必须借助现代测试技术和信息技术，必须有大量的、实时的、能反映钻进过程的自变量和因变量的原始数据。这些变量又往往不是单独起作用，而是相互之间存在着交互作用。因此，井下情况很难确切掌握或完全掌控，最优化钻井技术目前还只是概念，因为作为制订优化钻井方案的客观数据资料的依据很难统计、取全和取准，现有的各种钻井数学模型并不是精确的数学方程，且钻探数据需要不断检验和修正，以获取最优化程序。

目前，实时地监测与分析各参数的变化情况并借此识别孔内工况和进行预报事故是现实可行的。井内事故是钻井风险的源头，无论石油钻井还是地质钻孔，由于其具有隐蔽性，因此钻井事故发生频繁，严重影响钻探效率和经济效益。这些事故往往是由井内异常工况不能被及时识别而酿成的，有时是恶性事故。

钻进过程中一旦出现异常，必须快速地进行识别。但仅靠一个具体参数的信号（例如功耗增大），实际上是不可能的，这将导致对井内工况及其产生原因的错误判断。通常，井内异常工况都伴随着某些参数特征的同步改变。对钻进过程多参数的动态监测和控制显得非常重要，也是凭经验打钻走向科学施工的必由之路。钻井多参数的监测是地质发现的参谋，也是安全钻井的眼睛。为能及时了解钻探（井）过程状况，识别并预报孔内异常工况，需要对多参数进行连续检测和监控，以提高钻进效率和避免钻探事故的发生。实现钻进多参数的高精度检测技术，形成感知地下与地面的神经检测网络和智能系统，不漏报事故，达到100%的预报率和90%以上的符合率具有重要的意义。

多参数综合监测的意义：①钻进过程的复杂性要求随时了解各参数的变化情况。如表2-5所示，通过钻进参数异常变化来判断钻进状态；②实现多参数的综合监测将为合理选择钻进规程（进行优化钻进）创造条件；③实时地监测与分析各参数的变化情况有助于识别孔内工况和预报事故。地质岩心金刚石钻进的工况识别如表2-6所示；④多参数综合监测的结果可辅助操作者判断地层变化情况。

表 2-5 钻进参数变化预示的钻进状态

参数变化	问题分析
钻速减小	泥包，刺钻具，牙轮钻头的轴承、密封失效、跳钻，切削结构损坏或磨损，地层变化，落物，钻压低于最优钻压，转速低于最优值
钻速增大	地层变化、最优钻压、最优转速、钻头清洗好
扭矩增大	牙轮钻头轴承、密封失效，钻头振动—涡动，井眼清洗不好，切削结构损坏或磨损，地层变化，落物，钻压过大，转速低于最优值
扭矩波动	切削结构损坏或磨损、地层变化、地层有夹层、钻头振动—粘贴/滑动、落物、钻压过大、转速过高
扭矩减小	钻头泥包、切削结构损坏或磨损、地层变化、刺钻具、钻压过大、转速过低
泵压上升	钻头泥包、水力清洗不好、堵喷嘴、切削结构损坏或磨损、钻压过大、固含过高、堵钻杆滤清器、泥浆加重、密度加大
泵压下降	掉喷嘴、刺钻具

表 2-6 金刚石钻进工况识别表

工况	钻进参数变化	原因
烧钻	钻速先增大后减小，扭矩增大	断水、泵量过小、钻杆漏失、钻压过大、钻速过快、地层由硬变软等
钻头抛光	钻速逐渐减小，钻压逐渐上升，扭矩一般逐渐减小	地层致密坚硬、回次开始钻压过低（钻速低）、钻头不合适、水量过大等
卡钻	钻速减小，钻压上升，扭矩增大	地层破碎、缩径，孔内清洗不干净，钻孔弯曲过大
断钻	钻速减小，泵压下降，扭矩减小	扭矩（钻压）过大、钻孔弯曲过大、钻杆有缺陷
岩心堵塞	钻速增大，钻压下降，扭矩减小	地层破碎、岩心管满、钻头内径磨损、孔底清洗不干净、卡簧不合适

以下为依据地表钻参系统历时曲线对几种钻井参数异常的分析。

1）卡钻

如图2-29所示，在22:37时，在上提钻具过程中，悬重由863.8kN上升到986.6kN，钻头位置不变；下放钻具悬重由863.8kN降为772.1kN，钻头位置不变。此时可以判断为卡钻，需及时采取措施。

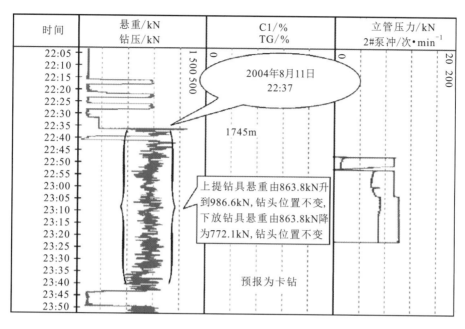

图 2-29 升深 8 井卡钻工程预报实例

2) 钻具刺漏

如图 2-30 所示，在 7：38 时，钻位 2 138.29m，泵冲稳定，而立管压力从 6：20 开始逐渐下降，至 7：45 立管压力从 9.5MPa 降至 8.7MPa，预报为刺钻具。之后继续钻进，泵压依然下降，降至 7.8MPa，多次预报为刺钻具。起钻检查钻具，发现 1 号钻铤横向刺穿 23mm。

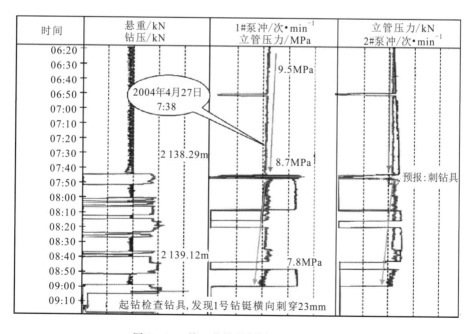

图 2-30 德 4 井钻具刺漏工程预报实例

3) 钻具断裂

如图 2-31 所示,在 20:00 时,泵冲稳定,而泵压从 17.8MPa 降为 17.0MPa,预报为刺钻具。但未采取处理措施,20:15 时,悬重从 1 220.2kN 降为 947.6kN。转速从 53r/min 突增至 62r/min,扭矩从 14.2kN·m 降至 8.1kN·m,立压降为 16.2MPa,此时预报为断钻具。起钻检查钻具,落鱼长度为 145.7m。

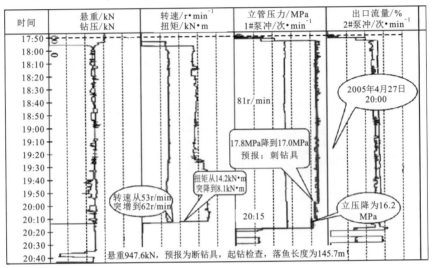

图 2-31 汪 905 井断钻具工程预报实例

4) 钻头磨损

如图 2-32 所示,在 9:48,钻位 3 136.00m,扭矩为 4.88~5.00kN·m,9:53 时,扭矩突增为 5.25~5.36kN·m,扭矩波动变大,机械钻速变慢,预报为钻头终结。

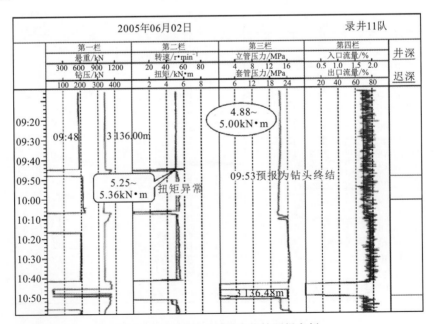

图 2-32 徐深 11 井钻头终结预报实例

为了提高工况识别和事故预报的可靠性，必须对钻进过程的各种信号进行全面记录与分析。当发生工况异常时，如果掌握钻进参数的动态信息，每隔一定时间（例如 $t=8\sim10\mathrm{s}$）对钻进参数建立时间序列模型，并编制识别软件，就可以达到识别事故的目的。软件可参考以下模型。

（1）正常钻进：各主要参数的时间序列模型具有平稳性，即模型的自回归系数特征方程的所有根的模大于1，或格林函数有界。参数的噪声方差为恒定值，小波系数近似为0，曲线的趋势部分和脉动程度在钻进中无显著变化。

（2）换层：硬变软或软变硬时，钻速、钻压、扭矩曲线的趋势部分显著变化；由完整地层进入破碎带时，各主要参数曲线由平稳变为剧烈脉动。换层时间序列模型具有非平稳性，即存在模型的自回归系数特征方程根的模小于或等于1，或格林函数无界，模型的小波系数在突变时刻不为0。例如由软变硬时，钻速降低，则钻速的一阶方差将为小于0的常数，自回归系数将减小。

（3）孔内事故：岩心堵塞、烧钻、钻杆裂纹、断钻、卡钻都伴有钻速、扭矩、泵压等曲线的相应变化特征。时间序列模型具有非平稳性，即存在模型的自回归系数特征方程根的模小于或等于1，或格林函数无界，模型的小波系数在突变时刻不为0。例如烧钻和卡钻时，虽然扭矩曲线都在上升，但烧钻曲线一阶差分大于卡钻曲线的一阶差分。

基于上述分类原则，可综合分析所有检测的钻进参数的时间序列模型的特征函数及小波系数来识别孔内典型工况。

表2-7是俄罗斯勘探方法与勘探技术研究所的专家们在实践基础上建立的工况识别特征矩阵（鄢泰宁等，2009）。

表2-7 部分可能出现的工况特征矩阵

序号	可能出现的工况	方案	槛值				可能出现的标志							
			P	V	σ	N	$V\uparrow$	$V\downarrow$	$P\uparrow$	$P\downarrow$	$\sigma\uparrow$	$\sigma\downarrow$	$N\uparrow$	$N\downarrow$
1	金刚石钻头	1	0	0	0	1	0	1	1	0	0	0	1	0
		2	0	0	0	1	0	1	0	0	0	0	1	0
	烧钻	3	0	0	0	1	0	0	0	0	0	0	1	0
2	钻杆折断	1	0	1	0	1	0	1	0	1	0	1	0	1
		2	0	1	0	1	0	1	0	1	0	1	0	1
		3	0	1	0	1	0	1	0	1	0	1	0	1
		4	0	0	0	1	0	0	0	1	0	1	0	1
…	…		…				…							
10	钻头抛光	1	0	0	0	1	0	1	0	0	0	1	0	1
		2	0	0	0	1	0	0	0	0	0	0	0	1
		3	0	0	0	0	0	0	0	0	0	0	0	0
11	卡钻	1	1	0	1	1	0	1	1	0	1	0	1	0
		2	1	0	1	1	0	1	1	0	1	0	1	0

注："槛值"栏内"1"表示超过了槛值；"0"表示低于槛值。"可能出现的标志"栏内"1"表示该标志稳定的改变；"0"表示处于正常状态；$V\uparrow$（$V\downarrow$）、$P\uparrow$（$P\downarrow$）、$\sigma\uparrow$（$\sigma\downarrow$）、$N\uparrow$（$N\downarrow$）各标志分别对应于机械钻速、泵压、功率消耗的均方差和功耗值稳定的增大（减少）。

表 2-8 是石油钻井行业归纳的井下常见卡钻事故的诊断方法及其判据。

表 2-8　常见卡钻事故诊断表

卡钻原因	工况							典型地层					参数变化				
	下钻	起钻	钻进	接单根	正划眼	倒划眼	循环	页岩	盐岩	砂岩	灰岩	白垩	摩阻	扭矩	钻速	泵压	返出物
压差				A			B	A	B	B			↑	↑			
键槽		B				B			B	B	B		↑				
欠尺寸井眼	A			B				A	B				↑↑				
井眼不规则	A	B		B	B								↑↑				
井眼不干净	B	A	B	A		A	A	B		B			↑	↑	↓	↑	↓
落物	B	B	B	B	B								↑↑	↑↑	↓↓		金属
未凝结水泥	B													↑↑			
水泥掉块	B	B	B	B	B								↑	↑↑			水泥
套管挤毁	B	B				B				B	A						
地层胶结差	B	B	B	B	B	B				B			↑	↑			↑
流塑性地层	B	A	B	A	B	B		B	A				↑	↑	↓		
裂缝/断层	B	B	B	B	B	B					B	A	↑↑	↑↑	↓	↓	↑
地应力地层		B		B			B	A		B			↑	↑			
水敏性地层	B	B	B	B	B	B	B	A					↑	↑	↓		↑↑

注：A 表示很有可能；B 表示可能；↑表示增大或升高；↑↑表示突然或急剧增加；↓表示减少或降低；↓↓表示突然降低。

地表钻参系统可以实时地监测各参数的变化情况，通过分析各参数变化可以及时地识别孔内工况和预报事故。钻井异常主要有地质异常和工程异常，地质异常有井漏、水侵、膏盐侵、有毒有害气体（H_2S/CO_2）、溢流、井涌、放空/加快、空钻气喷；工程异常有循环类异常：钻具刺/地面管汇刺、断钻具、螺杆抽筒；井筒类：缩径阻卡、卡钻、碰眼；钻头类：溜钻、顿钻、堵水眼/掉水眼、钻头泥包/钻头老化（胡郁乐，张绍和，2010）。

在钻进过程中最关注的参数是扭矩的变化和泵压的变化，其变化的原因极其复杂，需要经过专家系统或智能决策系统来进行判断。图 2-33 和图 2-34 所示为钻进过程中扭矩和泵压变化的影响因素。

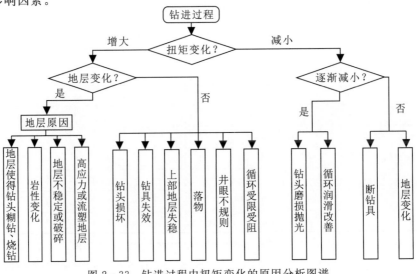

图 2-33　钻进过程中扭矩变化的原因分析图谱

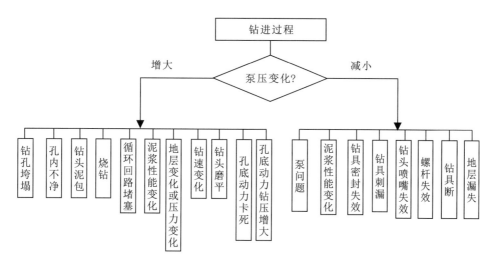

图 2-34 钻进过程中泵压变化的原因分析图谱

第三章　孔（井）内信息检测技术和仪器系统

第一节　孔（井）内信息检测主要内涵和难点

一、孔内信息参数检测内容

孔内参数包括与钻孔空间轨迹有关的几何参数，与描述地层有关的地层评价参数及与钻进规程有关的钻进机械参数。几何参数包括顶角、方位角、工具面向角及孔深等；地层评价参数包括电阻率、密度、地层组分含量、地层温度等；钻进参数包括孔内钻压、扭矩和转速、孔底环空压力等。

几何参数是定向钻进的基础，与钻孔空间轨迹密切相关。对钻孔轨迹坐标点的精确测量，可以提供准确可靠的数据，以便及时修正钻孔轨迹，使钻头达到靶区或靶点。地层评价参数的测量目的在于确定地层孔隙度、识别岩性和探测气层，划分气、轻烃、油和水的分界面，获取储集层岩石物化参数等。钻进机械参数测量是出于安全和优化钻进的考虑。不管是几何导向还是地质导向，都得利用钻具的运动来实现钻进。因此，钻进机械参数的测量也特别重要。地质导向技术就是三方面参数的综合高效利用。随钻测量出几何参数和地层评价参数，实时对地层进行识别，及时发现油气层，经过预测计算后，调整几何参数和钻进机械参数，使钻头"咬住"油气层钻进，最终到达靶点。

孔内信号的传输介质主要为有线（电缆）和无线2种。其中，无线式依据信号传输通道的不同，又分为泥浆脉冲式、电磁波式（EM）、声波式和存储式4种方式，如图3-1所示。作为信息的传输介质，这些传输方式从物理的角度来看都是可能的。

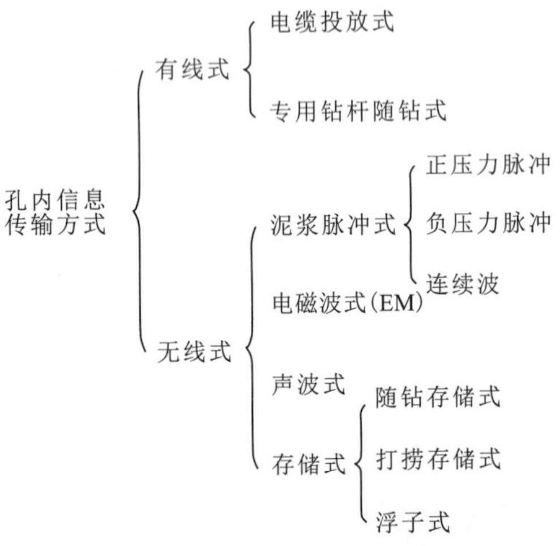

图 3-1　孔内信息传输方式分类

有线式的优点：可以沿着电缆向孔内传感器供电，具有双向通信功能，能够从地面给孔内的各种可控工具发指令。与泥浆脉冲测量系统及电磁系统相比，实时信息传输快、数据传输率高；其缺点在于电缆往往影响正常的钻进过程，容易造成重大的孔内事故，而且专用的钻具成本太高，因为要在每根钻杆中建立导电的信息通道，要把连接电缆的电极预埋在钻杆中心或钻杆壁内，这就使得其成本比普通钻杆高出70%～80%。

无线式的优点：不使用电缆，不影响正常钻进，大都能实时传输信号（存储式除外），可用于转盘钻和动力钻的随钻测量作业。无线式可以说是定向钻探技术发展历程中的一个里程碑，因为更高级的定向钻探技术都要以这种测量方式为基础；其缺点是信号传输通道直接暴露于外界，易受外界信号的干扰，如钻具的振动、不确定的压力脉冲和电磁波干扰等。

泥浆压力脉冲式的传输介质为泥浆，它最早由 Arps 在 20 世纪 50 年代提出，主要是将数据转换成一系列的压力脉冲，通过泥浆在孔内传输信号，不需要电缆。从宏观来看，泥浆是均质的，它虽然包含固体颗粒，但基本符合流体力学运动规律，如果从技术上排除泥浆泵的固定频率噪声的影响，作为传输孔内信息的介质是比较理想的，准确性较高，信息到地表后也容易分离和接收。因此，泥浆脉冲式是目前投入工业性使用（除有线传输系统外）最多的一种方式。它可分为以下 3 种方式。

（1）正脉冲传输系统：当井下传感器发出信号时，启动器便使阀动作，对钻井液进行节流。产生的压力脉冲信号由地面检测设备检测并进行解析。

（2）负脉冲传输系统：从孔内传感器发出的电信号使阀打开，钻具内部即与钻孔环隙瞬时连通，产生微小的压力降，这样就形成了一种具有数字化信息的负脉冲。

（3）连续波传输系统：不是靠钻井液产生脉冲来传输井底信息，而是通过一只由马达驱动的旋转阀来传输信息。由于单位时间内传送的数据多，因而测量精度很高，能更好地监控钻井作业。

泥浆脉冲信号的接收是通过在立管处的压力传感器测得的，有两个因素决定此脉冲的强度，一个是孔内脉冲发生器产生的初始脉冲大小；另一个是脉冲信号传输过程的衰减程度。信号的衰减与深度有关，信号传输的路径越长，它丢失的能量越多；泥浆中有杂物时，阀不能做满行程运动，对初始脉冲的幅度有衰减；信号衰减大的其他因素还有套管柱的深度和尺寸、钻井液、孔径及总的测量深度等。

对于数据传输到地面的方式而言，电磁波式是对泥浆脉冲测量的一种革新。其基本原理是把一个低频天线装在钻铤内，通过装在远离钻机和钻杆柱的电极，来接收孔底到地面的波形图；电磁波发射器装在孔底装置上，对发出的信号进行调节，并以二进制编码的形式传输孔内资料。这种传输系统的优点是对正常钻井没有干扰，与其他方法相比较，准备工作简单，起下钻时也能传输井下资料，在不利于泥浆脉冲遥传的空气、泡沫或充气泥浆欠平衡钻井过程中也能使用 EM 式，即 EM 式对钻井液没有那么严格的要求。其缺点是地层类型对 EM 式有一定的限制，即电阻率/电导率不能太大或太小，低电阻率地层 EM 信号注入容易，但波的传播会很差；高电阻率地层注入信号难，但传播信号容易。另外，EM 易受工作场地电气设备的干扰，只能有效地传播低频电磁波，这也是虽然该技术与泥浆脉冲式同时代起步，但应用研究落后于后者的原因。

声波传输系统是利用钻杆来传输声波（或地震波）的。这种技术一般可不需要孔内仪器，采集数据也不影响钻井过程。近年来，声发射检测技术不断发展，已推广应用于许多工业领域的在线监测与无损检测方面。

储存式孔内信息系统分为随钻存储式、打捞存储式和浮子式。其中，随钻存储式工作原理是将孔内的数据实时测试，但不实时传递到地表，而是把数据记录在孔内的存储器中，等到起钻时将数据取出，再进行处理。打捞存储式工作原理是将仪器随绳具下入孔内进行测试的方法，存储频率一般在仪器下孔前根据钻速、钻孔深度及仪器存储容量、下井的总时间在地面设置好，到地表后再进行数据回放、计算和显示。

二、孔内信息检测和传输技术现状及难点

孔内仪器的工作环境具体体现在振动、高压、高温和空间小等。孔内振动环境是影响仪器工作可靠性因素之一，在恶劣的振动环境下，传感器和电路要合理选择与布置，对仪器的结构方式、抗震措施要求很高。钻孔内充满泥浆，随着深度的加大，仪器受到的压力增大，因此，密封设计和强度设计必须有一定的安全系数。孔内的高温环境（深孔或地热孔）使仪器的工作性能变差，电路工作不正常、电路（特别是传感器）温度漂移明显、电池容量变小甚至爆炸，仪器安全性降低，故需要一定的冷却或隔热措施，以保障孔内仪器的安全工作周期。孔内的物理空间尺寸严重限制了孔内装置的大小，许多常规的装置在小尺寸空间根本无法安装。特别是要满足泥浆流动的钻具内，仪器的置入相当困难，因此，小尺寸单元器件是制造孔内仪器的唯一选择。

总之，孔内检测仪器必须具有抗震、耐高温、密封好、可靠性高的特性。电子元件一般采用军品、低功率和高集成度的器件，可选用高热质量、高强度的材料。一般仪器电路均应设计有温度补偿，当环境温度升高时能通过电路反馈达到稳定工作点的目的。在电路板上电子元件之间的空隙浇注人造橡胶，将各元件连成一体，提高了仪器抗震能力和工作可靠性等。

衡量孔内信息的传输指标主要有传输速度、信息容量和失真度3个指标。由于钻孔结构不同、钻井液类型的多样性和不均质性，以及地层千变万化，孔内信息的传输非常困难，特别是钻孔深度较大时，随钻信息的实时传输难度更大。钻孔内传输信息的介质目前只有泥浆、钻具和地层等。

目前，有线式传输系统虽然可操作性差，但数据传输速度至少比泥浆压力传输系统快1000倍。大多数泥浆脉冲遥测传输方式的传输率为 $1\sim10b/s$。预计通过提高信噪比和优化调制解调器，它的传输率将达到 $50b/s$。

20世纪30年代，国外就开始了随钻测量技术的理论和实验研究。最早的随钻测量工具是 Karchef 在20世纪30年代研制的随钻电缆测井装置，这种装置测取的参数主要用于评价油层，但由于成本高，没有得到推广应用。20世纪60年代初期，美国贝克休斯（Baker Hughes）公司设计了第一个机械式随钻测量钻井液压力脉冲系统，于1964年投入工业性使用。20世纪70年代，该公司发明了用于井下马达、导向钻具定向测量的电缆系统。1979年，美国 Schlumberger 公司成功研制出连续压力波传输系统。20世纪80年代初期，由于各种井下传感器研制技术的突破，泥浆脉冲传输方式的无线随钻测量技术在世界范围内开始推广使用。

20世纪40年代，国外就开始研究电磁波传输技术。从20世纪60年代起，美国和苏联为了军事目的，研究能实现地下指挥所与地下导弹发射基地之间、海面和潜水艇之间的通信技术，研究处于水下或地下低频电磁波的通信技术。电磁式 MWD 第一次成功地经由地层传输 EM 数据是在1983年完成的，这种技术于1984年被迅速地应用到一种商用生产仪器上。苏联的电磁波式 MWD 系统于1987年研制成功。到20世纪90年代初，电磁波传输系统在俄罗斯、法国和美国投入使用。最近几年里，运用随钻电磁波测量（EM - MWD）的钻井技术已较普遍了，这主要是由于欠平衡钻井技术得到了进一步推广。

目前，国外主要有8家 MWD 服务公司在生产随钻测量系统，它们分别是：①Schlumberger 公司生产的 Sliml、MWD、LWD 随钻测量系统；②Eastman Christensen 公司生产的 Accu Trak1、Accu Trak2、DMWD 随钻测量系统；③Exlog 公司生产的 DLWD 随钻测量系统；④Halliburton 公司生产的 AGD 和 RGD 随钻测量系统；⑤Smith Datadrill 公司生产的小井眼 MWD、小排量 MWD、大排量 MWD 随钻测量系统；⑥Sperry - Sun 公司生产的 MPT、RLL、DWD/DGWD/FED 随钻测量系统；⑦Teleco 公司生产的具 4 种孔径尺寸的 MWD 随钻测量系统；⑧Atlas 公司生产的两种尺寸的随钻测量系统。

在声波孔内信息传输的研究方面，1948 年进行过实地试验，表明信号在钻杆柱中衰减数据为 12dB/1000ft（39dB/1000m），由于信号衰减很大，声波式 MWD 的发展进入极度困难时期。但在 1975 年，Sun 石油公司使用球针式击锤（ball - pin hammer）做了实地试验，报告指出在实际环境中信号衰减很小，少于 4dB/1000ft（13dB/1000m）。这给声波式 MWD 的研究注入了一针"强心剂"，此后它迅猛发展起来。目前，一些实地试验证明声波 MWD 系统能从 1914m 孔深、49°大位移孔传输数据并在地表顺利解调。

我国的相关研究起步很晚，但随着我国 MWD 技术的不断发展，随钻测量仪器逐渐走向国产化阶段。20 世纪 80 年代末到 90 年代，从国外引进电缆和泥浆脉冲式 MWD 及部分生产制造技术；2000 年 3 月国产泥浆脉冲式 MWD 研制完成，同年 7 月在胜利油田试验成功。

近 20 年来，国外有代表性的泥浆脉冲式 MWD 仪器及其主要参数见表 3 - 1。俄罗斯的电磁波式孔内测试遥传系统典型产品及性能参数见表 3 - 2。

表 3 - 1　国外泥浆脉冲随钻测量仪的部分产品及主要参数

仪器公司（国别,年）	测量参数		测量误差（角度范围）/(°)			通信通道、数据发送方式	电源	耐温/耐压/（℃/MPa）
	工艺参数	地球物理参数	井斜角 α	方位角 φ	工具面向角 θ			
Sperry - Sun（英,1987）	α、φ、θ	温度、压力、伽马测井、电阻测井、电磁测井	0.1（0~90）	0.25（0~360）	0.75（0~360）	压力负脉冲水力通道	电池（250h）	140/105
Teleco（美,1990）	α、φ、θ、G、M	伽马测井、电阻测井、压力	0.25（0~90）	1.5（0~360）	3.0（0~360）	水力通道、停泵、停回转	涡轮发电机	125/140
Geoservices（法,1989）	α、φ、θ	温度、压力、伽马测井、电阻测井	0.25（0~90）	3.0（0~360）	3.0（0~360）	电磁波通道 + 存储装置	电池（120~200h）	125/140
Halliburton（美,1990）	α、φ、θ	压力、伽马测井、中子测井	0.5（0~180）	（0~360）	（0~360）	压力负脉冲水力通道 + 存储装置、停泵、开泵	电池（125~200h）涡轮发电机	125/140
Schlumberger（美,1992）	α、φ、θ、G	温度、伽马测井、电阻测井、磁场强度	0.1	0.1	1.0~2	压力正脉冲水力通道	锂电池（150~800h）	50/103
Schlumberger（美,1993）	α、φ、θ	伽马测井、电磁测井、声学测井	0.1 0.2*	0.1 0.2*	1.0	电磁波通道 + 水力通道、连续测量	涡轮发电机	150/138
Schlumberger（美,1995）	α、φ、θ、G	温度、伽马测井、扩展功能	0.1 0.2*	0.1 0.2*	1.0	水力通道、连续测量	涡轮发电机	150/138

注：α 为井斜角；φ 为方位角；θ 为工具面向角；G 为钻头上的载荷；M 为井底扭矩。

表 3-2　俄罗斯的电磁波随钻测量仪的部分产品及主要参数

仪器公司、型号、生产年份	测量参数		测量误差（测量范围）/ (°)			通信通道、数据发送方式	电源	耐温/耐压/(℃/MPa)
	工艺参数	地球物理参数	井斜角 α	方位角 φ	工具面向角 θ			
САГОР、ЗТС-172、1997	α、φ、θ	电阻测井	±0.1 (0~120)	±2.0 (0~360)	±2 (0~360)	电磁波通信、须有钻井液循环	涡轮发电机	100/60
ВНИИГИС、"井底"、1993	α、φ、θ、G、振动测量	伽马测井、双侧电测井	±0.3 (0~90)	±2 (0~360)	±2 (0~360)	电磁波通道+存储装置、须有钻井液循环	电池（7h）涡轮发电机	120/60
ВНИИГИС、ЗТС-172、1996	α、φ、θ、振动测量	伽马测井、自激化作用	±0.1 (0~180)	±1 (0~360)	±1 (0~360)	电磁波通信通道、须有钻井液循环	涡轮发电机	120/60
АО ЭХО、АТ-3、1993	α、φ、θ	无	±0.25 (0~90)	±0.5 (0~360)	±0.5 (0~360)	电磁波通信通道、连续测量	涡轮发电机	90/60

注：α 为井斜角；φ 为方位角；θ 为工具面向角；G 为钻头上的载荷。

第二节　孔内难检参数的检测技术

在钻进过程中，为了能有效控制孔眼轨迹，必须对孔斜、方位、工具面等参数进行精确的测量，特别是在定向钻进过程中，这些参数尤其重要。描述孔眼空间轨迹的几何参数有顶角（井斜角）、方位角和孔深；另外，对于整个钻进系统而言，钻具的振动、转速等参数对钻进控制有着重要的影响。对于深部钻探而言，钻进环境复杂，可能面临着高温高压等恶劣因素影响，此时对孔内钻进系统进行温度及井下压力检测十分必要，并且在复杂环境下，这些参数的准确获取也是一大难题。

顶角、方位角和孔深是描述钻孔轨迹的三大要素。顶角是指井眼中心线与垂线之间的夹角，垂直方向顶角是 $0°$，水平方向顶角是 $90°$，一般来说，其范围为 $0°\sim90°$（仰孔除外）。方位角是地球正北方向和孔眼水平投影方向的夹角。方位角在 $0°\sim360°$ 之间变化。当顶角是 $0°$ 时，方位角也就无法确定。孔深，即孔口到该点钻孔轴线的长度。一般而言，孔深是比较容易准确获取的，而顶角及方位角的检测会受到孔内环境的影响，并且在现实条件下，井斜测试是最关键的轨迹控制参数，因此顶角和方位角的检测，既重要又困难。

对于钻进系统而言，在钻进过程中钻杆会受到横向振动、扭转振动和轴向振动 3 种在本质和形态上都不同的振动形式的激励，这是一个复杂的动态过程。当外力作用的频率与钻杆柱固有振动频率一致时会产生共振现象，使得钻杆上的连接螺纹和钻杆上的薄弱部位容易发生疲劳断裂。钻杆失效会造成严重的后果，甚至导致钻孔报废。特别是对深孔、超深孔钻探，钻杆的安全可靠性是一个钻孔顺利施工的关键因素。

需要说明的是，在目前的孔内测试仪中，顶角和方位角的测量一般用加速度计和磁通门来测量。加速度计测量地球重力场的分力，磁通门测量地球磁场的分量。因为重力工具面角是用重力测量,也就是说用重力加速度计测量,在顶角小于5°时有较大误差。而磁性工具面角由磁通门来测量,也就不受孔斜的影响,因此在顶角小于5°时,定向钻进时常用磁性工具面来监测和控制顶角。对于钻具振动的检测,可以通过加速度传感器测得钻具振动的加速度,再经过变化得到振动的频率。本节将对孔内的3个难检参数顶角、方位角及钻具振动的检测展开进一步说明。此外,孔内面临高温高压环境时,孔内的温度检测将会在本章第五节做详细介绍。

一、顶角的测量技术

顶角也就是井口倾角,即井斜角。顶角的测量可以通过顶角测量仪进行检测,目前,常见的顶角测量仪大致分为静态顶角仪和动态顶角仪两种,顶角测量技术分为静态测试和动态测试。静态测试是指仪器在专门停钻的条件下的参数测试,而随钻测试则是钻具在转动或振动过程中的测试,显然,这两种环境对顶角传感器和方位角传感器的使用要求不一样。但在钻孔中,仪器的密封、温度稳定性和小的物理空间等环境是一致的。

目前,测量顶角的装置基本上都是利用地球重力场的作用性质并按液面水平原理和悬锤原理进行设计的,并且可分为单维顶角传感器、二维顶角传感器及三维顶角传感器。下面对这3类顶角测量传感器的原理和方法展开介绍。

1. NEG 地理坐标系

在井眼轨迹遥控系统中,不管是几何导向还是地质导向,为了构成地面与井下的大闭环控制系统,为了安全钻井的考虑,井下与地面之间的双向通信测量仪器的任一空间位置都是大地坐标系旋转到仪器坐标系。按刚体力学中的欧拉定理,可以把仪器坐标系 XYZ 看作由大地坐标经过3次转动形成的,第1次转动是大地坐标系 NEG 绕 OG 轴转动 α,形成坐标系 N_1E_1G;第2次转动是坐标系 N_1E_1G 绕 OE_1 转动 θ,形成坐标系 N_2E_1Z;第3次转动是坐标系 N_2E_1Z 绕 OZ 轴转动 φ,形成坐标系 XYZ(图3-2)。实际上 α 就是钻孔方位角,θ 就是钻孔顶角,φ 就是钻具的自转角(亦即工具面角)(胡郁乐,2004)。因此,测量坐标系 XYZ 与地理坐标系 NEG 矢量变换方程为:

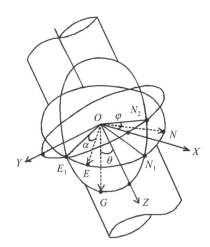

图 3-2 大地坐标系旋转到仪器坐标系位置关系

$$\begin{Bmatrix} X \\ Y \\ Z \end{Bmatrix} = \varphi\theta\alpha \begin{Bmatrix} N \\ E \\ G \end{Bmatrix} \tag{3-1}$$

式中,$\varphi = \begin{bmatrix} \cos\varphi & \sin\varphi & 0 \\ -\sin\varphi & \cos\varphi & 0 \\ 0 & 0 & 1 \end{bmatrix}$,$\theta = \begin{bmatrix} \cos\theta & 0 & -\sin\theta \\ 0 & 1 & 0 \\ \sin\theta & 0 & \cos\theta \end{bmatrix}$,$\alpha = \begin{bmatrix} \cos\alpha & \sin\alpha & 0 \\ -\sin\alpha & \cos\alpha & 0 \\ 0 & 0 & 1 \end{bmatrix}$

2. 单维顶角传感器测量顶角

本案例采用重力加速度传感器来进行钻孔顶角测量。加速度计和三维加速度计的组装图（图3-3）测角基本原理是：将固态加速度芯体封装在一个陶瓷基座内，而该加速度计由硅框架上的多根梁支撑一块经微细加工的硅块。当被支撑的硅块运动时造成梁内的应力变化，从而使梁内的压敏电阻阻值发生变化。

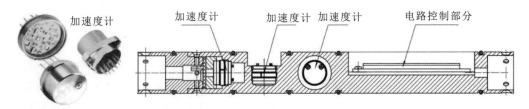

图3-3 加速度计及其三维安装组合

单维顶角传感器一般用来测试加速度，但由于重力加速度是一个天然的加速度，因此可以根据重力造成的加速度输出来测试钻孔顶角的大小。此种传感器由于没有框架和偏心定位系统，测角系统无机械接点，因此可满足振动条件下的点测或连续测量。由于该传感器没有机械滑动部分，也没有活动体支撑部分，因而耐冲击性极强，使用很方便。

以3140传感器为例，它的性能参数见表3-3。

表3-3 重力加速度传感器性能参数

性能指标	规格参数	备注
量程	±2g	0～250Hz
灵敏度	1V/g	
零加速度输出	3.8～4.2V	典型值4.00V
阻尼比	0.4～0.9	典型值0.7
工作温度	－20～85℃	带温度补偿
供电电压	8～30V	典型值12V
供电电流		典型值5mA
加速度极限	20×	
质量	13g	

研究发现，3140传感器存在一个敏感轴，为传感器安装面的法线。当该轴在铅垂面上转动时，具有良好的线性，灵敏度高，工作性能稳定。原理分析如下：在铅垂面上，加速度传感器感受到的加速度为g_x，当物体倾度改变为θ时，如图3-4所示，加速度传感器的敏感轴随之转动角度θ，则传感器受到的加速度变为$g_x = g\sin\theta$，重力加速度g为一矢量，大约等于9.8m/s²（其值随纬度的变化略有差异），地球上每一固定区域的g值为一确定值。因此，可以通过测量加速度的变化来反映物体的姿态倾角，对钻孔而言，即为钻孔顶角。当标度因数一定时，它对应的就是一个电压值。

通过试验，图3-5为3028重力加速度传感器（与3140传感器同类，只是内部不带温度补偿和放大器）在其灵敏度方向进行角度偏转时的输出特性，其中横坐标为倾角（与顶角

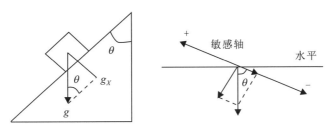

图 3-4 单维顶角传感器工作原理

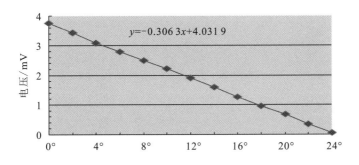

图 3-5 传感器在灵敏度方向上的输出曲线

互余),纵坐标为输出电压。

可见,其线性度良好。利用最小二乘法原理,可求得其灵敏度 k 和基值 b。

$$V_{\text{out}} = k\theta + b \tag{3-2}$$

传感器灵敏度方向上的试验还表明,单维加速度计一旦安装固定,就只能测量某一固定方向上的倾斜。如图 3-6 所示,单个传感器的输出反映了顶角在其灵敏度面上的投影值大小。另外,由于输出正比于 $g\sin\theta$,从理论上分析,随着顶角的增大,重力加速度信号梯度变小,其绝对误差增大,灵敏度越来越小。试验也证明,当单个传感器与铅垂线的夹角不大于 45°时,灵敏度方向上的传感器输出呈良好的线性。换句话说,顶角小时,误差小,角度增大时,真实角度与输出角度之差会变大。理论上,

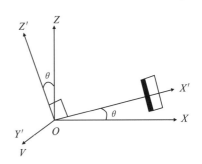

图 3-6 单维传感器灵敏度方向试验

基于输出 $g\sin\theta$,可以通过模拟电路修正或者配备微型计算机进行运算修正,但要从 0°~90°范围作高精度角度检测难以实现,尤其在倾斜度接近 90°时,测量值的微小误差将导致极大的测试误差,以致难以修正。

为了研究单维传感器在其他非灵敏度方向上的输出特性,构造了图 3-7 所示的测试装置,传感器绕 OO' 轴转动,即绕 OO' 轴横向滚动(相当于钻具绕钻孔轴向的转动,与工具面有关)时,输出呈正弦规律变化,因此研究还认为,单维传感器在一定倾角条件下,可以进行角速度的测量,如果横滚角呈正弦规律变化,它的变化频率即反映了钻具的转速。

关于横滚角的测量精度、顶角的测量精度与横滚角之间的关系,可以通过图 3-7 来说

明。误差曲线是一个二维曲面，这里取 θ 为 0°、20°、40°、60°，而横滚角从 0°～360°变化 4 条曲线时的误差曲线。

通过对 3140 传感器试验发现，由于内部电路的作用，随着横滚角 ω 的变化，输出呈正弦半周期规律变化，如图 3-7 所示。并且在不同顶角条件下，横滚角变化时，输出电压值在灵敏度方向始终最小。

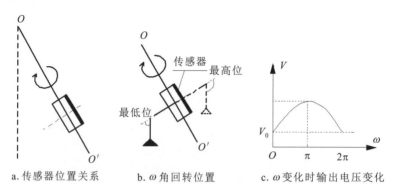

a. 传感器位置关系　　b. ω 角回转位置　　c. ω 变化时输出电压变化

图 3-7　横滚角与顶角的关系构件图

分析 3140 传感器规律可以认为，如图 3-7b 所示，在最低位置时（灵敏度方向）的重力锤分量使传感器的应变轴上有最大的拉应力，最高位有最大的压应力，在其他位置，重锤的分力迫使应变轴产生了垂直于纸面的弯矩，没有产生应变轴轴向的拉压应变。

根据以上的分析可知，利用单维加速度传感器对钻孔顶角进行测量时，受到了相当大程度的限制。为了满足测试精度，必须在顶角较小并且敏感轴处于钻孔倾斜铅垂平面上时，测量才能准确。

应用研究时，可以通过图 3-8 所示的单维 3140 传感器及其试验台测量顶角，通过慢速转动钻杆或在仪器内设置低速电机测量在转动时的输出，当示值最低时，说明传感器处于灵敏轴方向，此时的顶角值精度很高。

图 3-8　单维传感器测试原理及其试验台示意图

3. 二维、三维顶角传感器测量顶角

由于探管在钻孔中是自由转动的，停留的位置也是任意的，并且无框架偏心定位，不能

保证单个传感器敏感轴始终处于钻孔倾斜铅垂平面上（相当于重锤摆动平面）。所以，在不知道敏感轴方位和任意钻孔角度的情况下，用一个顶角传感器是不能确定钻孔顶角的。

为此，在探管内必须装设两个或两个以上敏感轴互相正交的顶角传感器，如图 3-9 所示，通过合成的方法获得钻孔顶角。

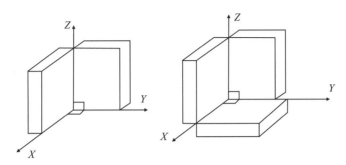

图 3-9　二维和三维传感器正交安装示意图

目前，随钻测斜仪中多采用三轴加速度计或两轴加速度计合成法来进行钻孔顶角测量。两轴加速度计中，g_z 必须通过 $g^2 = g_X^2 + g_Y^2 + g_Z^2$ 来推出，g_X、g_Y、g_Z 分别为重力加速度在测量仪器坐标系中的分量，一般地，g 是定值。两轴加速度计已满足大部分场合的应用。不过，三轴系统（图 3-9 右）与两轴系统相比有以下优越性：①孔斜计算中，两轴系统的计算精度一直不变。而两轴加速度计系统中从顶角 0°开始精度逐渐递减，70°孔斜是误差极限，一旦顶角变大，测量结果已超出精度范围，测量误差越来越大；②大斜度或水平钻过程要确定弯接头等的方向必须用到三轴加速度计；③三轴加速度计系统还可以防止因温度变化引起的误差。

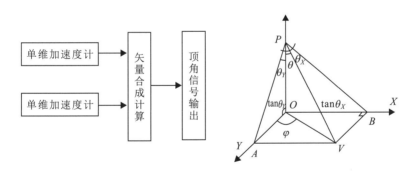

图 3-10　顶角的矢量合成原理

如图 3-10 所示，两轴加速度计测角系统中，假设敏感轴在 POY 方向摆动的传感器叫 Y 顶角传感器，敏感轴在 POX 方向摆动的传感器叫 X 顶角传感器，则两个单维加速度传感器所测的数据分别为该空间顶角在 YOP 平面和 XOP 平面上的投影。由几何关系可知，任一空间顶角可由绕 X 轴偏转和绕 Y 轴偏转求得；反过来，只要能分别检测出该顶角在 YOP 和 XOP 平面上的投影值，即可合成顶角。

传感器敏感轴摆动平面（灵敏面）与钻孔倾斜铅垂面的不一致程度由两平面夹角 φ 表示，称为相对方位角。显然当该方位角不为 0°时，原理上重力迫使重锤向铅锤线摆动，测角小于钻孔顶角,如 Y 顶角传感器在 POY 平面的最灵敏,随着相对方位角 φ 的增大,逐渐变为不灵敏,当 $\varphi=90°$ 时,重锤停在零位不动,即 Y 顶角传感器输出为零值(最不灵敏)。而 X 传感器此时最灵敏,输出最大。因而在 $\varphi_1=0°\sim 90°$ 之间任意位置时,用矢量合成法即可测试探管任意转动位置的钻孔顶角值。

为方便数学推导,令钻井空间顶角 $\angle OPV=\theta$,$\angle OPA=\theta_Y$,$\angle OPB=\theta_X$,显然当 $\varphi=0°$ 时,传感器 Y 处于灵敏度方向上,$\theta_Y=\theta$,亦即此时的顶角正好在倾斜铅垂面上。当 $\varphi=90°$ 时,传感器 X 处于灵敏度方向上,而传感器 Y 处于非灵敏度方向上,此时 $\theta_X=\theta$。当不处于上述特殊位置时,θ_X、θ_Y 可分别由测量得出,再利用两个传感器测的角度数据,用矢量合成原理,便可求出钻孔顶角。

由于 X、Y 顶角传感器测角在灵敏度方向上且顶角正负零范围内为线性关系,所以矢量合成在 4 个象限的任何一个象限得出的钻孔顶角都是正确的。因此,按上述原理,可利用 2 个单维加速度传感器,分别测出 θ_X、θ_Y,再通过设计的软件精确求出空间顶角 θ 的数值。

工具面向角的测试,可从以上数学模型得到:

$$\varphi = \tan^{-1}\left(\frac{\tan\theta_X}{\tan\theta_Y}\right) \tag{3-3}$$

上式说明:高边工具面角只与 X 轴加速度计和 Y 轴加速度计有关。据此可以为钻具定向、岩心定向和钻具转速测量服务。

理论上,利用前面的大地坐标系和测量坐标系建立的欧拉公式模型,当重力加速度在 NEG 坐标系上时,有:

$$\begin{Bmatrix} g_X \\ g_Y \\ g_Z \end{Bmatrix} = \begin{Bmatrix} 0 \\ 0 \\ 1 \end{Bmatrix} \tag{3-4}$$

将式(3-3)代入式(3-4)中得:

$$\begin{Bmatrix} g_X \\ g_Y \\ g_Z \end{Bmatrix} = \begin{Bmatrix} -g\cos\varphi\sin\theta \\ g\sin\varphi\sin\theta \\ g\cos\theta \end{Bmatrix} \tag{3-5}$$

即 $g_X = -g\cos\varphi\sin\theta$,$g_Y = g\sin\varphi\sin\theta$。

由上两式可得顶角:

$$\theta = \arcsin\left(\frac{\sqrt{g_X^2 + g_Y^2}}{g}\right) \tag{3-6}$$

工具面角:

$$\varphi = \arctan\left(-\frac{g_Y}{g_X}\right) \tag{3-7}$$

由图 3-10 可知:$g_X = g\tan\theta_X$,$g_Y = g\tan\theta_Y$。表 3-4 为二维加速度计测角系统与顶角的对应关系,其线性度好。

三向量轴重力加速度计测角时,3 个传感器在孔内把 3 个加速度信号 g_X、g_Y、g_Z 检定后,由以下公式确定顶角 θ 和工具面角 φ:

$$\theta = \arctan\frac{\sqrt{g_X^2 + g_Y^2}}{g_Z} \tag{3-8}$$

$$\varphi = \arctan\frac{g_X}{g_Y} \tag{3-9}$$

表 3-4　传感器偏转试验结果　　　　　单位：mV

X 轴		Y 轴				
		0°	5°	10°	15°	20°
0°	甲	2.432	2.521	2.612	2.703	2.794
	乙	2.441	2.441	2.441	2.442	2.443
5°	甲	2.243	2.521	2.612	2.702	2.792
	乙	2.352	2.352	2.352	2.353	2.353
10°	甲	2.431	2.520	2.520	2.701	2.792
	乙	2.265	2.265	2.265	2.266	2.266
15°	甲	2.431	2.520	2.520	2.701	2.790
	乙	2.178	2.178	2.178	2.181	2.181
20°	甲	2.430	2.519	2.519	2.699	2.799
	乙	2.089	2.089	2.089	2.090	2.092

二、钻孔方位角的检测

方位角是钻孔轨迹描述的最关键的参数之一，方位角能否被准确测量，对钻孔轨迹控制起着决定性的影响，其检测意义毋庸置疑。钻孔轨迹上某点的方位角是该点的切线在水平面上的投影与真北方向之间的夹角，一般用 α 表示，并且从真北方向开始按顺时针方向计算。方位角变化的范围是 $0°\sim360°$。

目前，井下定向钻进采用的磁力测斜仪测得的井斜方位角是以地球磁北方向线为基准的，称为磁方位角。磁北方向线与正北方向线并不重合，两者之间有个夹角，称为磁偏角，所以此类仪器测得的井斜方位角需进行校正，换算成真方位角。其转化关系为：

$$\theta_{真方位} = \theta_{磁方位} + \delta \tag{3-10}$$

式中，$\theta_{真方位}$ 为经过方位校正后用于设计轨迹计算的方位角；$\theta_{磁方位}$ 为测斜仪测得的钻孔方位角；δ 为磁偏角，东磁偏角为正值，西磁偏角为负值。

目前，方位角的测试一般利用地磁场定向原理和地面定向原理。

地磁场定向原理：以地球磁场为定向基准。如罗盘的磁针呈水平状态时，永恒地指向大地磁场，利用这一特性，可测钻井磁北方位角。还可利用磁通门或其他磁敏元件，测量它们因所处位置与大地磁场的方向不同而产生的感应电动势的大小，来计算钻孔方位角。目前，测方位角大多采用磁针式罗盘。据地磁场定向原理设计的测斜仪，只适用于无磁性或弱磁性矿区。在强磁性矿区，因磁性干扰、仪器误差大而不被采用。

地面定向原理：地面的已知坐标网点都可用经纬仪引向井下某一位置作为测量方位的定位方向，不受矿区磁性干扰的影响。将地面孔口定位方向引移到孔内测点的方法有钻杆定向、环测、陀螺仪定向（惯性定向）3 种。

在对无磁性矿区的钻孔方位角进行测量时，磁通门方位角传感器相对陀螺定位系统而言，具有价格便宜、体积小、无游动框架、耐震性好等特点。下面对磁通门传感器测量方位角原理展开描述。

单个磁通门传感器是在 2 根玻莫合金条上分别绕 2 个匝数相等的初级线圈,并反向连在一起,使其产生的磁通 Φ_1 和 Φ_2 方向相反,其外再绕次级线圈,如图 3-11 所示。当 2 个初级线圈分别以正弦信号 U_{11} 和 U_{12} 激励时,两线圈产生相应变化的交变磁通 Φ_1 和 Φ_2,在次级线圈产生感生电动势 U_o,由于 2 个初级线圈圈数相等,绕向相反在次级线圈的 U_o 为 0;如果沿传感器轴向有一个外磁场(恒定地磁场的恒定磁通 Φ_0),其分别叠加在初级激励磁通 Φ_1 和 Φ_2 上,结果是使一个磁通增强,另一个磁通减弱,这样次级线圈的 U_o 不为 0,产生随不同磁场方位变化的电压脉冲变化,其大小与地磁场强 H_0 在传感器长轴上的分量 H_c 成正比。

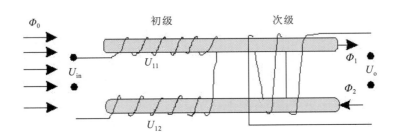

图 3-11 磁通门传感器结构原理图

传感器采用的玻莫合金具有很高的导磁率和很小的矫顽力,磁滞回线所包围的面积很窄,B-H 可近似地看成折线,当磁场强度 H 有很小的变化,磁感应强度 B 就变化显著,也就是说玻莫合金对外磁场很灵敏,B 对 H 有放大作用。同时,长条形的合金对磁场的方向有选择性。传感器就是利用这两种特性把地磁场 H_0(视为恒定场)在传感器上的分量 H_c 调制成电信号。

传感器的输出信号为:

$$e = kH_c H_m^2 \sin 2\omega \tag{3-11}$$

式中,k 为常数,取决于传感器的结构材料因素;ω 为激励电流频率;H_c 为被测磁场场强;H_m 为激励电流产生的激励磁场。传感器输出信号的大小正比于激励磁场的二次谐波分量与被测磁场场强。当激励电流频率为定值时,磁传感器的输出信号仅随被测磁场的强弱改变,这里的被测磁场就是地磁场。

方位角传感器测量的是地磁场的水平分量,如图 3-12 所示,当磁敏元件在水平面旋转一圈,穿过传感器长轴的地磁场水平分量呈余弦变化。正北正最大,正南负最大,东西为 0。如果以磁北 N 为基准,方位角传感器与 N 夹角为 φ_2(即为方位角),则传感器长轴的地磁分量 H_c 为:

$$H_c = H_0 \cos\varphi_2 \tag{3-12}$$

式中,H_0 为地磁水平分量;H_c 为传感器灵敏度方向上的地磁分量。

由于余弦函数的多值性,所以用 1 个传感器时,从输出脉冲大小和方向上还无法判断方位角。例如图 3-12 中 Y 方位传感器输出曲线中 45°和 315°两点,电压幅度相等,方向也相同,不能确定方位角是 45°还是 315°。

为了解决这个问题,测量时仍最少要用两个方位传感器和矢量合成法来得到钻孔方位

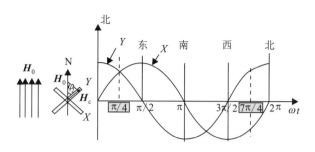

图 3-12 磁通门输出与方位之间的关系曲线

角。如果探管中使用两个方位角传感器,一个叫 Y 传感器,另一个叫 X 传感器,并在安装时沿钻孔轴向,在空间上长轴互相垂直。利用这两个方位传感器测出的电压幅度和相位就可以正确判定方位角了。还例如 45°和 315°两点,从图 3-12 曲线看出,315°方位角时,两传感器的输出 Y 为正,X 为负,而 45°方位角时,两传感器的输出 Y 为正,X 也为正。这样由两个方位角传感器测量,就可以唯一确定方位角了。

由于任一时刻 X 和 Y 方向上的磁场分量分别为:$H_X = H_0 \sin\varphi_2$,$H_Y = H_0 \cos\varphi_2$,所以当角度变化相同的 $\Delta\varphi_2$ 时,有:$\Delta H_X = -H_0 \cos\varphi_2 \Delta\varphi_2$,$\Delta H_Y = H_0 \sin\varphi_2 \Delta\varphi_2$。可以看出两磁通门绝对误差是变化的,$\varphi_2$ 角度小时,H_X 的精度最高,而 H_Y 的绝对误差大。

由两个方位传感器构成的测量装置测量的方位角 φ_2,并不是钻孔方位角。因为钻孔方位角是指倾斜钻孔轴心线与磁北方向线的夹角。要确定钻孔方位角,则必须同时知道磁北方向线和钻孔倾斜方向线。由于制造安装时顶角和方位两组传感器同时对应,所以方位传感器测量的 Y 传感器方位 φ_2 就是 Y 顶角传感器与磁北 N 的夹角,而 Y 顶角传感器与钻孔倾向的夹角是相对方位角 φ,它可由顶角矢量合成得到。所以钻孔倾斜方向与磁北 N 的夹角即钻孔方位角 α,即:$\alpha = \varphi_2 - \varphi$。

假设以 Y 方位传感器正方向为基准,由磁北线到 Y 的方位角称 Y 传感器方位角,用 φ_2 表示。如图 3-12 所示,则磁性工具面角为:

$$\varphi_2 = \arctan \frac{H_X}{H_Y} \quad (3-13)$$

式中,H_X 为方位 X 传感器测量值;H_Y 为方位 Y 传感器测量值。

地球上各个地域的磁场场强大小不同,磁倾角也不相同。要实现全空间测量,则必须采用三轴正交的重力加速度计和磁通门作为测角系统。磁传感器测得的 3 个磁场分量与加速度计测得的重力场的 3 个分量共同确定仪器的方位角。

$$\alpha = \arctan \frac{g(H_X H_Y - H_Y g_X)}{H_X(g_X + g_Y)^2 + H_X g_X g_Z + H_Y g_Y g_Z} \quad (3-14)$$

三、井下振动测量

井下钻柱受力复杂,其工作模态与钻具组合、井壁状况和钻孔弯曲均息息相关。钻柱的振动是不可避免的,复杂剧烈的振动如果不能及时有效地控制,钻进能量不仅无法通过钻头有效碎岩,影响机械钻速,而且可能损害钻头、钻具、井下电子测量系统(如 MWD)的使用寿命,剧烈的井下振动将对钻头和仪器造成毁灭性伤害,直接增加钻井成本,甚至影响钻井安全。因此，准确地测量钻头、钻柱系统在井下的振动情况，对钻具组合的工作模态判断，预防剧烈振动非常重要。

井下振动测量是指在井下钻具中安装带有振动测量的传感器和装置，在钻井过程中对井下振动实现振动信号的测量、存储或传送到地表，对振动数据进行分析，不仅帮助了司钻人员掌握井下工具的工作环境，而且通过对异常振动进行分析判断，为优化钻具组合、钻进规程参数，实现快速安全钻进服务。

1. 振动测量的原理

井下钻柱系统的振动数据可以通过测量钻柱系统的加速度来获得，可以采用三轴加速度传感器测量钻柱系统的加速度，其测量原理如下：

以井眼中心 o 点为坐标原点，过加速度计中心 M 点（即三轴加速度计测点）的横截面，建立固定坐标系 oxy。然后以钻柱 C 中心点为原点，$o \rightarrow C$ 方向为轴方向，过 C 点作垂直 i 轴的 j 轴，得到动坐标系 Cij。过 M 点沿 $C \rightarrow M$ 作 X 轴，过 M 点与 X 轴垂直的 Y 轴组成动坐标系 MXY。在各坐标系中，加速度之间的关系如图 3-13 所示。

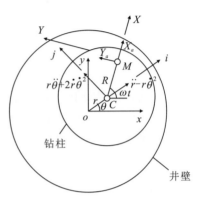

图 3-13　测点 X，Y 方向加速度图

图 3-13 中，r 为井眼中心到钻柱中心的距离；R 为钻柱中心到测点的距离；θ 为钻柱中心转过角度；ω 为钻柱自转角速度。

钻柱中心 C 点的速度：
$$\vec{v_C} = \dot{r}\, i + r\dot{\theta}\, j \tag{3-15}$$

而测点 M 的速度：
$$\vec{v_M} = \vec{v_e} + \vec{v_r} \tag{3-16}$$

式中，$\vec{v_e}$ 为在动坐标系 Cij 中与 M 点重合的一点相对固定坐标系 oxy 的绝对速度，为测点 M 的牵连加速度；而 $\vec{v_r}$ 为测点相对动坐标系 Cij 的速度。$\vec{v_e}$ 和 $\vec{v_r}$ 可表示为：

$$\begin{cases} \vec{v_e} = \vec{v_C} + R\omega Y \\ v_r = 0 \end{cases} \tag{3-17}$$

则测点的加速度：
$$\vec{a_M} = \frac{\mathrm{d}\vec{v_e}}{\mathrm{d}t} + \frac{\mathrm{d}\vec{v_r}}{\mathrm{d}t} = \frac{\mathrm{d}\vec{v_C}}{\mathrm{d}t} + \frac{\mathrm{d}(R\omega Y)}{\mathrm{d}t} + \frac{\mathrm{d}\vec{v_r}}{\mathrm{d}t} \tag{3-18}$$

其中，C 点的加速度：
$$\vec{a_C} = \frac{\mathrm{d}\vec{v_C}}{\mathrm{d}t} = (\ddot{r}i) + (r\ddot{\theta}j + \dot{r}\dot{\theta}j + r\dot{\theta}\dot{j}) \tag{3-19}$$

式中，$\dot{j} = \dot{\theta} + j$，$\dot{i} = \dot{\theta} \times i$。

所以：
$$\vec{a_C} = \frac{\mathrm{d}\vec{v_C}}{\mathrm{d}t} = (\ddot{r} - r\dot{\theta}^2)i + (r\ddot{\theta} + \dot{r}\dot{\theta}j + 2\dot{r}\dot{\theta})j \tag{3-20}$$

类似可以得到：

$$\frac{\mathrm{d}(R\omega Y)}{\mathrm{d}t} = -R\omega^2 x + R\omega \dot{Y} \tag{3-21}$$

代入整理以后得：

$$\vec{a_M} = [(\ddot{r} - r\dot{\theta}^2)\cos(\omega t - \theta) + (r\ddot{\theta} + 2\dot{r}\dot{\theta})\sin(\omega t - \theta) - R\omega^2]X +$$
$$[(\ddot{r} - r\dot{\theta}^2)\sin(\omega t - \theta) + (r\ddot{\theta} + 2\dot{r}\dot{\theta})\cos(\omega t - \theta) - R\dot{\omega}]Y \tag{3-22}$$

可以看出 M 点的加速度包括两部分，一部分是由钻柱偏心引起的；另一部分是由测点距离钻柱中心位置引起的，所以可以将上式简写为：

$$\vec{a_M} = [a_{CX} - R\omega^2]X + [a_{CY} - R\dot{\omega}]Y \tag{3-23}$$

其中：

$$a_{CX} = (\ddot{r} - r\dot{\theta}^2)\cos(\omega t - \theta) + (r\ddot{\theta} + 2\dot{r}\dot{\theta})\sin(\omega t - \theta) \tag{3-24}$$

$$a_{CY} = (\ddot{r} - r\dot{\theta}^2)\sin(\omega t - \theta) + (r\ddot{\theta} + 2\dot{r}\dot{\theta})\cos(\omega t - \theta) \tag{3-25}$$

所以通过以上分析，井下三轴加速度计振动测量分析可如图 3-14 所示。

图中，$\begin{cases} X_a = a_{CX} - R\omega^2 \\ Y_a = a_{CY} - R\dot{\omega} \\ Z_a = a_{CZ} \end{cases}$

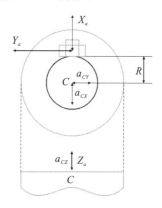

图 3-14 三轴加速度计振动测量分析

式中，X_a、Y_a、Z_a 分别为三轴加速度计在 X、Y、Z 轴的测量值；a_{CX}、a_{CY}、a_{CZ} 分别为测量工具中心在 X、Y、Z 轴的加速度。

2. 钻杆振动分析

基于上述振动的测量原理和钻杆振动的测量数据，可以进一步分析钻进工况。一般从时域信号图很难看出钻杆振动的规律，为了更清晰地分析振动频率，将采集的信号经过快速傅里叶变换后得出振动的频域信号。如图 3-15 所示的信号，根据香农采样定律，可以看出钻杆纵向的振动频率在 9.92Hz 时的振幅达到峰值，因此可以得出钻杆的纵向振动频率为 9.92Hz。

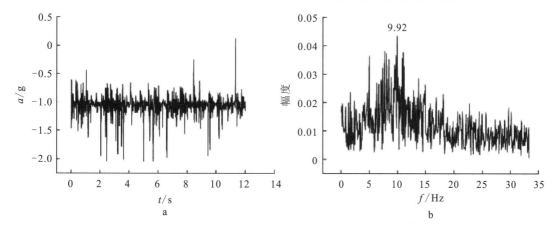

图 3-15 钻杆纵向时域加速度信号 a 和钻杆纵向频域振动信号 b

图 3-16 所示的案例中，测量的钻具横向振动（沿 XY 轴方向）强度，其最大振动强度

为33g，平均振动强度为10g。

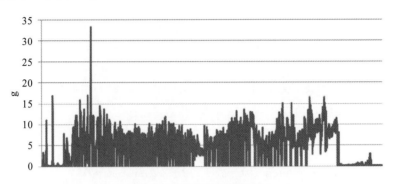

图 3-16 横向振动强度

图 3-17 所示为测量的钻具轴向振动强度，其最大振动强度为 26g，平均振动强度为 5g。

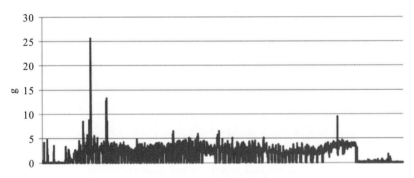

图 3-17 轴向振动强度

由上述分析可知，横向振动比轴向振动更剧烈。工程实践中一般通过优化钻具组合、增加减震器等方式来降低轴向振动。而横向振动和黏滑（扭转）振动更加复杂，破坏更严重。实践中可根据测量的振动数据，分析振动的幅值和频率特征，评估井下工况，进一步采取结构和尺寸合理的扶正器、匹配的钻头扩孔器、合理的钻头规径刃长度、定心功能强的多翼钻头等方法，来减轻井下横向振动和扭转振动，尤其是反向涡动。可以说，振动的测量对更深入优化钻井参数、增加改善振动的措施、降低振动、有效避免钻具或仪器的过早失效、延长使用寿命、减少设备伤害具有重要的意义。

第三节　孔内信息参数传输技术

目前孔内信息参数传输主要是通过随钻测量系统，随钻测量是指在钻探过程中实现钻孔轨迹信息（井斜、方位和工具面等）、地质参数（自然电位和自然伽马等）和钻井参数（钻压、扭矩、振动、转速、环空压力和温度等）的实时测量及上传的技术，为钻探工程的高效进行提供指导。测量系统主要分为井下和井上两部分，井下部分将井下信息采集并编码成脉冲信息序列，通过泥浆压力信号、电磁波等传输方式上传到地面。地面的接收设备对接收的信号进行数据处理得到井下的参数信息。信息传输速率对比如表3-5所示。有缆式 MWD 系统可以沿着电缆向井内传感器供电,可以实现井内和地表设备之间的双向通信,传输的实时信息快、数据传输率高。但电缆往往影响正常的钻进过程,通常用于井底马达钻进的条件下,其测量工具要穿过水龙头下入,因而每接一个单根都必须提出测量仪器,非常麻烦。在测量的时候就必须停泵,这大大减慢了钻进速度,影响了钻井完井的时间,钻井过程中需要过多的停泵、监测,甚至还要停止泥浆循环,这些都是发生事故的隐患。现在采用侧入接头或预埋电缆,虽然不必提出随钻仪就可接钻杆,但成本很高。无线 MWD 系统可以在不影响正常钻进条件下,随时传输信号,既可用于井底马达钻进,也可用于转盘钻和井底马达组合钻进过程的随钻测量作业。但由于无线 MWD 系统的信号传输通道直接暴露于泥浆通道或地层中,易受外界信号的干扰,从而影响系统的工作稳定性。妨碍准确获取井底过程参数的不稳定因素主要有钻具的剧烈振动和钻压的脉动、工作环境的高温、电磁干扰、信号传输过程中的时间滞后和信号衰减等。本节将具体介绍几种常用的无线随钻测量系统。

表3-5 典型孔底信息传输介质和传输速率对比表

传输方式	传输介质	传输深度/m	传输速率/bit·s^{-1}	可靠性	开发成本
有线传输	光缆	6000	1M~2M	好	较高
	电缆	1000~5000	1M	好	较高
无线传输	电磁波	0~6000	1~12	一般	较高
	声波	3000	100	一般	较低
	泥浆脉冲	6000~8000	1~12	好	中等

一、随钻测量系统

泥浆脉冲传输技术利用钻井液作为传输介质,在井下钻铤的泥浆通道内安装能够改变泥浆流通面积的脉冲发生器,通过调节其运动规律,产生泥浆压力脉冲信号传播至地面管路,从而实现井下数据上传。图3-18为泥浆脉冲式 MWD 原理图。以下分别介绍两种随钻测量系统。

1. 正泥浆脉冲发生器随钻测量系统

井下探管短节采集孔底相关数据,然后通过控制单元将采集到的数据编码为一定序列的数据串,该数据串控制脉冲发生器电磁阀的动作,并利用循环的泥浆使主阀阀芯产生同步运动,这样就控制了阀芯与限流环之间的泥浆流通面积:在阀芯下限时,钻柱内的泥浆可以较顺利地从限流环中通过;在阀芯上限时,泥浆流通面积减小,从而在钻柱内产生了一个正向泥浆压力脉冲,如

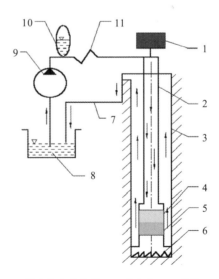

1. 脉冲信息接收器;2. 钻杆柱;3. 钻孔;
4. 泥浆脉动发生器;5. 孔内信息检测装置;
6. 钻头;7. 泥浆出口;8. 泥浆池;9. 泥浆泵;10. 蓄能器;11. 高压管汇。

图3-18 泥浆脉冲式 MWD 原理图

图 3-19 所示。脉冲经过泥浆信道的传输到达地面，地面的接收装置通过对原始泥浆压力信号进行处理继而恢复井下脉冲序列，通过对应的解码方式解出井下信息。

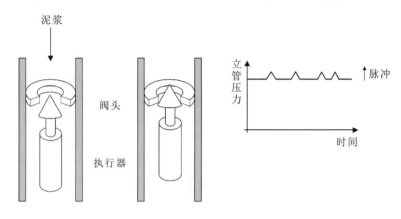

图 3-19 脉冲器工作原理示意图

2. 连续波随钻测量系统

随着测井采集的原始数据量呈爆炸式增长，测量数据的高速传输、处理及实时高效的使用，需要不断开发出新的随钻测量地面系统来满足施工的需要。相对于正泥浆脉冲发生器，目前国外使用的连续波随钻测量系统有着更高的传输速率。由于我国对此研究起步较晚，目前还没有自主研发并应用到实际钻井作业中的连续波随钻测量系统，国外此类产品也只租不售。制约我国连续波随钻测量系统发展的主要有两大因素，一方面是设计井下产生连续波的机械结构要满足以下2个条件：①选择稳健、适应性强的编码调制方式，尽可能在提高传输速率的同时降低误码率；②尽可能降低转子运动时的峰值机械功率，减小功率波动，延长井下发电机与脉冲器电机的寿命。另一方面则是地面的软件算法设计，经过泥浆信道传输的脉冲信号包含大量噪声且发生畸变，如何从原始压力信号中提取泥浆脉冲信号并识别是地面处理算法要解决的关键问题。

图 3-20～图 3-22 为连续波脉冲发生器的核心部分，以微小间距重叠安装的定子与转子所组成的节流阀。如果它的流道面积是由转子往复震荡来控制的，称为摆动阀；如果转子是连续旋转的，则称为旋转阀。两种连续波脉冲发生器的基本结构一致，但是旋转阀只产生连续波信号，而摆动阀因它的转子运动方式更加灵活，既可以产生连续波信号（图 3-21），也可以产生离散的正脉冲信号，甚至能够通过转子开度与速度的调节实现幅移键控（amplitude-shift keying，ASK）、频移键控（frequency-shift keying，FSK）、相移键控（phase-shift keying，PSK）多种组合的调制方式，对不同工作环境的适应性更强。

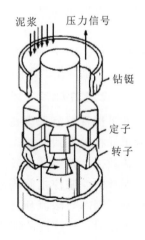

图 3-20 节流阀

由于连续波信号频率较高，往往和泵噪声频谱重叠，因而去除和连续波信号频谱重叠的泥浆泵噪声是地面处理算法的核

第三章 孔(井)内信息检测技术和仪器系统

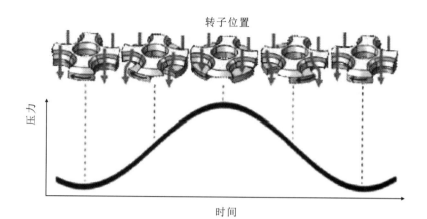

图 3-21 连续波产生原理

图 3-22 APS公司的旋转阀式脉冲发生器

心。目前信号处理邻域广泛使用小波分解和独立主成分分析,虽然有学者进行了大量研究,但都很难实现算法上的突破。国外公司在地面算法处理上通过间隔一定距离安装两路压力传感器取得很好的效果,并在现场广泛应用。图 3-23 为双压力传感器安装示意图。

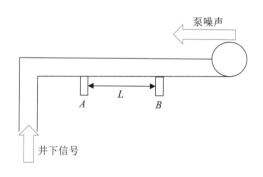

图 3-23 双压力传感器安装示意图

在立管上相隔距离为 L 的 A、B 两处安装两个压力传感器 A 和 B,其中传感器 B 靠近泥浆泵。在 AB 段,脉冲信号由井下发生器产生经钻杆传输到地面接收系统,脉冲信号传播方向由 A 到 B,泵噪声由泵排出钻井液的波动引起,传播方向由 B 到 A。若脉冲信号经过 AB 段传输的过程中只有相位上的延迟而无幅值的变化,将这种情况下脉冲信号在 AB 段的传输模型称为时域延迟模型。若以传感器 A 作为参考点,则两个传感器输出信号为:

$$\begin{cases} r_{s1}(t)=s(t)+p(t) \\ r_{s2}(t)=s(t-\Delta t)+p(t+\Delta t) \end{cases} \quad (3-26)$$

式中,$r_{s1}(t)$、$r_{s2}(t)$ 分别为传感器 A、B 的输出;$s(t)$ 为由脉冲器产生并经过钻杆信道传输到地面的源信号（包含有用信号及随机噪声）；$p(t)$ 包含泵噪声及其他噪声（如反射噪声）；Δt 为压力脉冲通过 AB 段的时间，即 $\Delta t = L/c$。图 3-24 为延迟差分原理图。

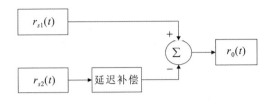

图 3-24　延迟差分原理图

信号 $r_{s1}(t)$ 与经时间延迟处理后的信号 $r_{s2}(t)$ 做差，延迟时间为 τ。延迟后的 $r_{s2}(t)$ 变为：

$$r_{s2}(t-\tau) = s(t-\Delta t-\tau) + p(t+\Delta t-\tau) \tag{3-27}$$

由上式可知通过对延迟时间进行调整，当时可将信号中的噪声消除，即：

$$r_o(t) = s(t) - s(t-2\Delta t) \tag{3-28}$$

经延迟差分后的信号，保留了上传信号 $s(t)$ 及其时移信号 $s(t-2\Delta t)$。将信号离散化，设采样频率为 f_s，则式（3-28）变为：

$$r_o(n) = s(n) - s(n-m) \tag{3-29}$$

式中，$m = 2\Delta t \cdot f_s$，$r_o(n)$ 为已知量，解差分方程可得到有用信号 $s(n)$。

图 3-25 为经过地面算法处理得到的井下连续波脉冲信号。

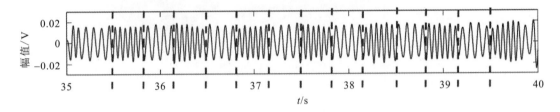

图 3-25　连续波脉冲信号

3. 电磁波随钻测量系统

在钻探过程中，孔内仪器由孔底涡轮发电机借助泥浆流发电或电池组供电；孔内的传感器将孔内物理量转变为模拟电信号，经过孔内 MWD 组件信号处理转换为数字信号；这些数字信号被送到中央处理器（CPU），经编码、压缩等处理后，由电磁波发射器发射出去；电磁波沿着电磁波传输通道传播到地表，通过距离孔口一定距离插入地下的专用天线接收电磁波信号；监测专用天线和钻杆之间的电压就可以得到孔内传输的有用信号，信号经过解码、滤波等计算机处理得到孔内测量数据，如图 3-26 所示。

电磁波式 MWD 的优点是：信息传输速度较快；不需要发射天线或中继器来增加信号传播的距离；对泥浆的质量要求和钻探泵的不均匀性要求更低；对正常钻进没有干扰；与其他方法相比，准备工作简单。缺点是：信号衰减大；只能传播低频电磁波，信号传输率受到一定限制；易受场地电气设备的干扰和岩石电阻率的影响。

二、泥浆压力脉冲传播理论

1. 泥浆脉冲传输速度

钻井液是气、液、固多相混合物，各相流体的含量和特性都对钻井液的密度和体积模量

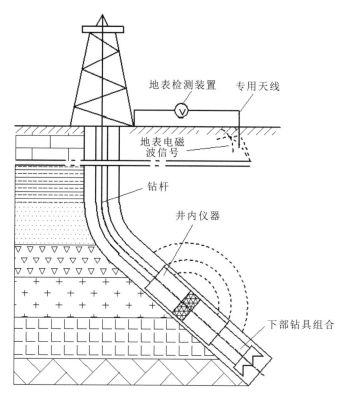

图 3-26 电磁波式 MWD 工作原理示意图

产生影响，进而影响到钻井液脉冲的传输速度。在钻井液密度确定的条件下，脉冲信号的传输速度主要取决于系统的弹性模数。如式（3-30）为在钻井液的密度和压缩性上考虑了气相和固相，而且对钻柱体积弹性模量的计算方法也有了较大改进得到的泥浆液脉冲的传输速度计算公式。

$$\alpha = 1 / \sqrt{\rho \left[\frac{1}{K_p} + \frac{1}{K_l} + \beta_g \left(\frac{1}{K_g} - \frac{1}{K_l} \right) + \beta_s \left(\frac{1}{K_s} - \frac{1}{K_l} \right) \right]} \quad (3-30)$$

式中，ρ 为泥浆液的密度；K_l、K_g、K_s、K_p 分别为液体、气体、固体和容器的体积弹性模量；β_g 为体积含气率，%；β_s 为固相的体积浓度，%。

2. 泥浆脉冲衰减

随钻测量地面系统接收到的脉冲信号的强度由两个因素决定：一个是井下的脉冲发生器产生的初始脉冲大小；另一个是脉冲信号在传输过程中的衰减程度。在一趟钻中，泵的流量一般波动不大，所以初始脉冲的大小也基本稳定，地面系统接收的脉冲信号强度主要取决于后者。

泥浆脉冲信号与其他物理传输衰减类似，也符合指数衰减规律，如公式（3-31）所示。

$$P(x) = P_0 e^{-x/s} \quad (3-31)$$

式中，$P(x)$ 为传输距离 x 时信号的振幅；S 为衰减因子。

泥浆脉冲信号的衰减程度主要与钻柱的尺寸、材料特性，脉冲信号频率及泥浆性能有关。在目前的常规钻井作业中，脉冲信号频率与泥浆性能是主要的可控因素，并对脉冲信号的衰减有着显著的影响。图 3-27 为泥浆脉冲信号频率和衰减系数关系图。

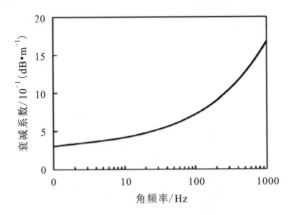

图 3-27 泥浆脉冲信号频率和衰减系数关系图

第四节 国内典型井下仪器

一、电子单多点测斜仪

1. 功能介绍

LHE1103 型电子单多点测斜仪主要用于钻井（孔）单多点测斜或定向，由机芯部分、地面设备（PC 机）及外保护总成等几部分组成。机芯主要由电子单多点探管、充电电池筒、智能充电器、通信电缆和数据处理软件等组成。仪器可以单点吊测使用，也可以多点投测使用，最多可以采集 2000 组数据参数，配合专用的数据处理软件，可方便快捷地绘出井身轨迹图。

目前广泛使用的 LHE1103 型电子单多点测斜仪（图 3-28），包括绳帽头、绳挂头、旋转接头、铜接头、橡胶悬挂器、机芯部分、外保护筒、橡胶保护器、加长杆、底部减震器等 12 个部分组成。

2. 工作原理

机芯中探管的传感器由两轴加速度传感器和三轴磁通门传感器组成，内置嵌入式微处理器系统。仪器工作时，系统控制传感器按照预定的方式采集信号，并进行温度修正，将结果存储于固态存储器中。测量结束后，将探管和充电电池筒从外保护筒中取出，用通信电缆的 RS232 接口和计算机任意一个可用的 RS232 接口相连，或用通信电缆的 COM 口和探管的 COM 口相连即可进行数据处理，通过地面设备和软件读取测量数据，计算并输出姿态参数，包括倾斜角、方位角、磁性工作面方位、高边工作面方位、磁场强度和温度等参数。

3. 技术参数

(1) 倾斜角：(0°～60°/180°) ±0.2°。

(2) 方位角：(0°～360°) ±1.0°。

(3) 磁性工作面方位：(0°～360°) ±0.5°。

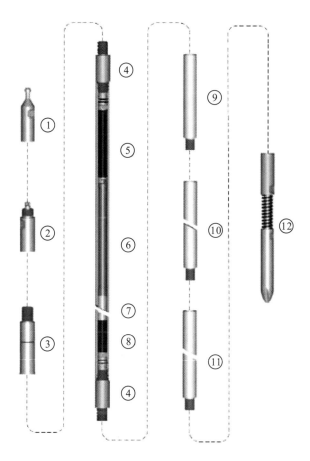

1. 绳帽头；2. 绳挂头；3. 旋转接头；4. 铜接头；5. 橡胶悬挂器；6. 机芯部分；7. 外保护筒；8. 橡胶保护器；9、10、11. 加长杆；12. 底部减震器。

图 3-28 电子单多点测斜仪连接示意图

（4）高边工作面方位：（0°～360°）±0.5°。

（5）温度测量：（0～125℃）±2.0℃。

（6）工作温度范围：0～125℃。

（7）通信接口：RS232。

（8）电源：7.2V 充电电池筒。

（9）质量：200g。

（10）外形尺寸：$\phi 27mm \times 260mm$。

4. 使用方法

首先将探管和 PC 机连接，通过 LHE-1131A 数据处理软件设定延时时间和数据采集间隔时间；设定好参数后，启动探管，探管开始延时计时。此时应立即关闭探管电源，待装入外保护筒之前再开启。将外保护总成连接起来，连接前需检查各部分有无损坏，外保护筒密封性是否良好。在探管装入外保护筒之前将电源开启并且秒表开始同步计时，装好后将其吊入（或投入）井底。安装过程中注意检查密封圈，必要时更换。当探管的延时计时结束时，探管开始按设定好的时间间隔采集数据,数据采集完毕后,将外保护总成从井里取出,卸开外保护筒,取出探管便可通过 LHE-1131A 数据处理软件进行数据处理。

5. 仪器应用及数据处理

仪器出井后,使用 LHE-1131A 数据处理软件读取和处理数据,生成测量曲线,并编写上井报告,图 3-29 所示为上井数据,图 3-30 所示为定向井立体空间轨迹图。

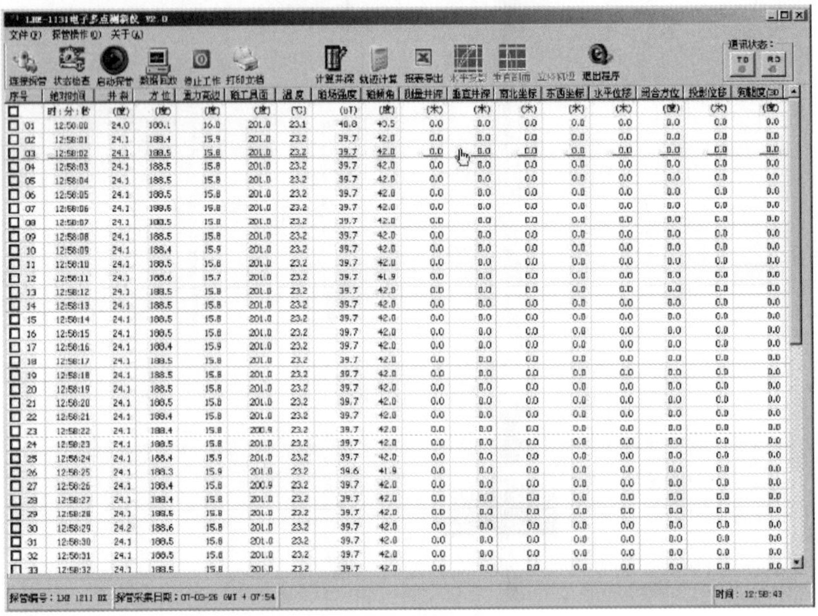

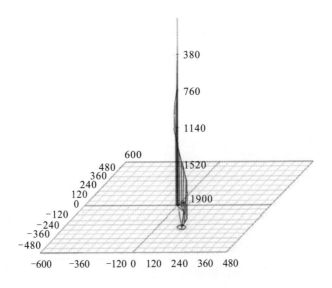

图 3-29 电子单多点测量数据

图 3-30 定向井立体空间轨迹图

二、自寻北光纤陀螺测斜仪

1. 功能介绍

自寻北光纤陀螺测斜仪,采用自寻北设计,无需在地面标定,不受磁干扰影响,采用高精度光纤陀螺传感器、加速度计等专业传感器,测量井斜角、方位角、工具面角等参数。光纤陀螺探管使用时间大于或等于2000h,配合专业软件,高质量地测量出井身轨迹,是下套管后井身质量检测和水平分支或井、套管开窗侧钻等新生产工艺不可缺少的专业仪器。

自寻北光纤陀螺测斜仪包括数据处理软件、笔记本电脑、地面控制器和井下测斜总成等部分,地面系统与井下测斜总成部分通过单芯铠装测井电缆相连。

2. 仪器组成

自寻北光纤陀螺测斜仪由地面设备和井下测斜总成两大部分组成。图3-31为地面仪器连接示意图。

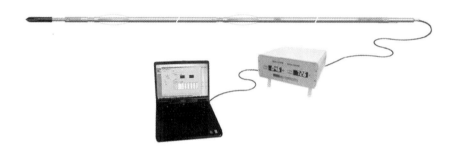

图3-31 地面仪器连接示意图

1) 地面设备

地面系统是一套专用的便携式计算机测控、信号采集系统,可对井下仪器进行实时控制、数据采集和处理,实时显示、存储测斜数据,并在测斜现场完成测斜资料的处理工作。该系统采用人机交互好的多窗口菜单操作模式。

主机:IBM PC机及其兼容机或者笔记本电脑。

LHE3022测斜仪控制器:85~230VAC 50Hz供电,前、后面板如图3-32所示,介绍如下。

 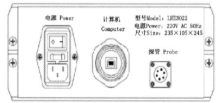

图3-32 地面仪器箱面板

(1) 电压指示:指示供给井下仪器的电压值,此电压值不随铠装电缆的总长不同而改变。
(2) 电流指示:指示供给井下仪器的实时电流值,此电流值将作为判断井下仪器是否正常工作的依据之一。

(3) 探管接口：通过探管接口给井下仪器供电。

(4) 计算机接口：与计算机 USB 口连接。

(5) 电源：输入 85～230V 50Hz。仪器连接后接通自寻北光纤陀螺仪控制器电源，它的状态如表 3-6 所示。

表 3-6 测斜仪控制器状态表

状态	工作电压显示值/V	工作电流显示值/mA
待机状态	72	0
工作状态	72	45～165

2) 井下测斜总成部分

井下测斜总成部分一般包括绳帽头、电缆转换接头、转换接头、光纤陀螺探管、外保护筒和弓板扶正器，在定向测斜时还需选配减震式引鞋，在非定向测斜时需选配底部减震器，图 3-33 为自寻北光纤陀螺测斜仪连接方式示意图。

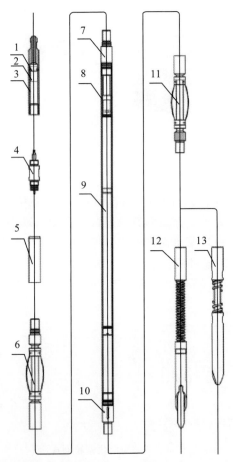

1. 电缆卡头顶丝；2. 电缆卡头-电缆帽；3. 绳帽头；4. 电缆转换接头；5. 转换接头；6. 上弓板扶正器；7. 上连接头；8. 外保护筒；9. 光纤陀螺探管；10. 下连接头；11. 下弓板扶正器；12. 减震式引鞋；13. 底部减震器。

图 3-33 自寻北光纤陀螺测斜仪连接方式示意图

3. 工作原理

仪器的核心部分是光纤陀螺探管,由三轴加速度传感器和光纤陀螺传感器组成,内置嵌入式微处理器系统。光纤陀螺传感器用于测量地球自转的角速度分量,加速度传感器用于测量探管轴线与重力场的夹角及探管的高边角,上述信号均不受地球磁场的影响。上述信号上传到地面后,结合当地的纬度值,经过 PC 机上的配套软件解算出所需姿态参数。地面部分仪器通过单芯铠装电缆给井下的光纤陀螺探管供电,并将探管所采集的数据传输至地面,由地面软件进行数据的分析处理。

整个测量过程,仪器可随时启动测量得到仪器倾斜方向的真方位角,不受地球磁场及环境的影响,也不需要井口进行方位初始化标定。

4. 技术参数

1) 主要技术参数

井斜角范围及误差:(0°～90°)±0.1°。

井斜方位角范围及误差:(0°～360°)±2°(6°<井斜角<60°)。

重力高边范围及误差:(0°～360°)±0.5°。

北向工具面范围及误差:(0°～360°)±2°。

工作温度范围:0～70℃(普通常温),0～175℃(含隔热套,175℃环境工作 4h)。

电缆电阻:≤200Ω。

每组数据测量时间:≤70s。

2) 地面设备参数

地面控制器外形尺寸:235mm×105mm×245mm。

地面控制器工作温度:-20～55℃。

地面系统适配电源:85～230VAC 50Hz。

3) 井下仪器参数

仪器外径及长度:普温定向测斜:ϕ42mm×3210mm;普温非定向测斜:ϕ42mm×3052mm。

高温定向测斜:ϕ48mm×3450mm;高温非定向测斜:ϕ48mm×3292mm。

最大耐压:≥80MPa。

5. 测斜方法

(1) 开始下放井下仪器到达待测点,速度控制在 3000m/h 以内,避免下放或提升速度过快导致光纤陀螺测斜仪损坏。

(2) 打开 LHE3022 测斜仪控制器电源开关,运行 LHE2031 软件,创建新文件,设置通信 COM 口,点击"连接"按钮,点击 LHE2031 软件上的"倾角测量"按钮,启动光纤陀螺测斜仪。

(3) 点击 LHE2031 软件上的"运行测量"按钮,开始采集数据,每隔固定时间完成一次数据采集。

(4) 将仪器提升或下放至下一个待测点后,在 LHE2031 软件设置当前井深值,点击"运行测量"按钮,启动光纤陀螺测斜仪进行新一轮的数据采集。

(5) 循环 (3)、(4) 步骤实现测斜作业。

(6) 测斜结束，保存 LHE2031 采集的数据，并上提仪器。

(7) 在测斜过程中，如果两次测量间隔时间较长，在等待测量时可以点击"陀螺测量"页面的"关闭陀螺"按钮，使测斜仪处于待机状态，以减少探管自身发热量。

6．仪器应用及数据处理

完成 LHE2031 软件的初始设置后，点击主界面分页选项中的"陀螺测量"按钮，进入光纤陀螺测量界面，再点击"测斜数据"栏的"倾角测量"按钮，软件就会采集、解算和显示倾角数据及探管当前的温度，如图 3-34 所示。

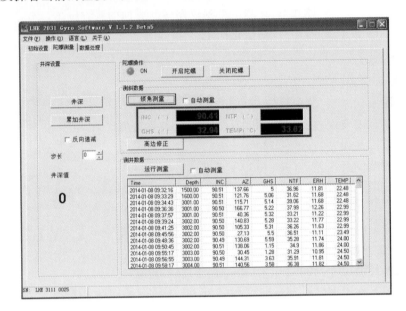

图 3-34 倾角测量界面

三、泥浆脉冲式无线随钻测斜仪

1．功能介绍

泥浆脉冲式无线随钻测斜仪是一种坐键式可打捞的正脉冲无线随钻测斜仪，可井口投放、井底打捞，使用方便。仪器采用正泥浆脉冲技术，并在地面部分使用无线传输立管压力信号及其他数据参数，使用时不需要布置电缆。井下部分短节之间也采取无线通信，连接操作方便，可解决振动过程中传统插针结构带来的隐患，与之相配套的数据处理软件可以解码并显示井下有关参数。

采用总线技术，可以选配伽马测量短节和电阻率测量短节，并可以通过无线传感器引入井深参数，拓展了适用范围。

2．基本原理

探管短节采集井下相关数据，然后通过控制单元将采集到的数据编码为一定序列的数据串，该数据串控制脉冲发生器电磁阀的动作，使循环的泥浆产生系列的压力脉冲，它的原理如图 3-35 所示。

第三章 孔（井）内信息检测技术和仪器系统

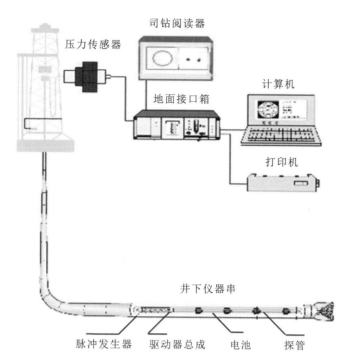

图 3-35 基于泥浆脉冲器的信号传输示意图

置于泥浆管线上的压力传感器按一定的频率采集泥浆压力信号，并将此信号以无线方式发送，与 LHE1132 数据处理仪连接的无线收发主机接收并处理泵压信号，通过 LHE6031 数据处理软件解算为需要的数据，同时将结果以无线方式传输至 LHE6023 司钻显示器。

3. 仪器组成

泥浆脉冲式无线随钻测斜仪由地面设备、井下总成两部分组成。

1）地面设备

图 3-36 所示为地面设备连接示意图，地面设备包括压力传感器、无线收发主机、无线传感器主机司钻显示器、数据处理仪。

2）井下总成

井下总成包括脉冲发生器短节、探管短节、电池筒短节，如图 3-37 所示。

（1）脉冲发生器短节：按照探管短节发来的脉冲序列控制电磁阀的吸合动作，并利用循环的泥浆使主阀阀芯产生同步运动而形成一定的泥浆正脉冲序列。当没有脉冲信号

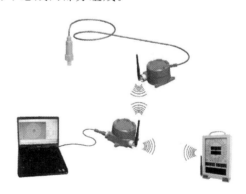

图 3-36 地面设备连接示意图

时，伺服阀头处于压下状态，利用泥浆在限流环处产生的反向压力使主阀阀芯抬起；当有脉冲信号时，动作相反，此时，升高的泥浆压力信号通过压力传感器检测出来。

（2）探管短节：测斜仪利用地磁及重力场定义方向参数，井下作用采集井下相关参数并编码为一定序列的数据串，来驱动脉冲发生器短节电磁阀的吸合动作，内置大容量存储器，

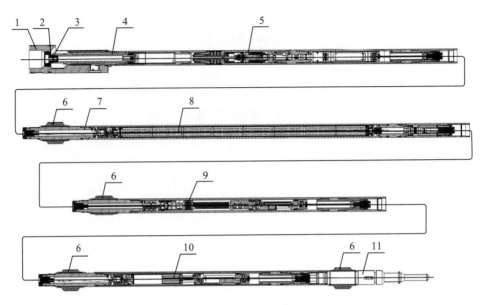

1. 循环套；2. 限流环；3. 主阀芯；4. 主阀头组件；5. 脉冲信号发生器；6. 扶正环；
7. 双公接头；8. 电池组件；9. 探管组件；10. 伽马组件（选配）；11. 打捞头。

图 3-37 井下总成连接示意图

对井下数据进行存储并记录，当与 LHE1132 数据处理仪连接时，可进行数据回放和数据分析。

(3) 电池筒短节：由 8 节电压为 3.6V 的耐高温锂电池串联组成，为井下的测量部分提供必要的能量，分为主、副电池筒短节，LHE6372A 为主电池筒短节，LHE6372B 为副电池筒短节，主、副电池切换使用，延长井下作业时间。利用内置记录芯片，还可以读取当前电压、记录已耗电量等信息。

4. 技术参数

1) 探管短节

(1) 倾斜角：$(0°\sim180°)\pm0.2°$。

(2) 方位角：$(0°\sim360°)\pm1.0°$。

(3) 高边工具面：$(0°\sim360°)\pm0.5°$。

(4) 磁性工具面：$(0°\sim360°)\pm0.5°$。

(5) 数据存储：57 800 组。

2) 地面设备

(1) 工作温度：$-40\sim65℃$。

(2) 防护等级：IP65。

(3) 工作频率：433MHz、915MHz 可选。

(4) LHE6025 无线传感器主机：工作时间 200h、充电时间约 4h、电池充电次数不小于 500 次。

(5) LHE6028C 压力传感器：压力量程为 0~30MPa。

(6) LHE6023 司钻显示器：工作时间 50h、充电时间约 8h、电池充电次数不小于 500 次。

3) 井下其他性能指标

(1) 最高工作温度：175℃。

(2) 仪器承压：120MPa。

(3) 仪器直径：ϕ48mm。

(4) 仪器长度（有伽马短节）：5.9m。

(5) 仪器长度（无伽马短节）：4.9m。

(6) 电池工作时间：≥200h。

(7) 泥浆排量（取决于钻铤尺寸）：10～55L/s。

(8) 仪器压降（取决于钻铤尺寸和泥浆排量）：1～2MPa。

(9) 泥浆信号强度：0.5～2MPa。

(10) 泥浆黏度（漏斗黏度）：≤140s。

(11) 泥浆含砂：<1%。

(12) 泥浆密度：≤1.7g/cm^3。

5. 仪器连接及操作

1) LHE6028C压力传感器与LHE6025无线传感器主机

将LHE6028C压力传感器安装于泥浆管线立管上，按照一定频率采集泥浆管线上的压力信号，传输给LHE6025无线传感器主机，无线传感器主机以电磁波的形式发送，如图3-38所示。

2) LHE6012无线收发主机与LHE1132数据处理仪连接

无线收发主机通过LHE6040电缆与LHE1132数据处理仪连接，将无线传感器主机发射的信号顺利接收并通过LHE6031数据处理软件进行处理，同时将处理得到的数据，发送给LHE6023司钻显示器，如图3-39所示。

图3-38　LHE6028C压力传感器与LHE6025无线传感器连接

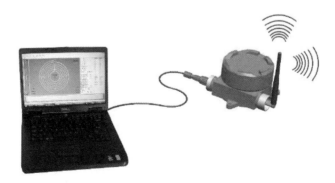

图3-39　LHE6025无线传感器与主机连接

3) LHE6023司钻显示器的放置

司钻显示器置于井台上易被司钻观察到的地方，现场根据实际情况，征得井队技术人员同意后方可安装，可安装位置有：井队绞车保护罩外壳靠司钻一侧；司钻控制台上方，为司钻提供井下相关参数。

4）下井操作及注意事项

将 LHE6343 定向键装在 LHE6311C 循环套上，选择合适的 LHE6341 限流环，并将其装入循环套内；检查循环套上的 O 型圈是否完好，如有损坏需更换，并在 O 型圈上涂抹适量的 LHSR48A 高温润滑脂润滑；将 LHE6310 定向接头内壁清理干净并将其立起，然后使循环套上的顶丝凹槽和定向接头上的顶丝孔上下对齐，最后将循环套装入定向接头中；用 LHE6351 循环套转动工装，适当地调整循环套总成和定向接头的相对位置，使循环套总成上的顶丝凹槽和定向接头上的顶丝孔对正，然后将 LHE6010 定向螺栓拧入定向接头中，防止循环套总成在定向接头内转动而导致所测量工具面出现偏差。

5）中层测试

将测量部分放入无磁钻铤内后开始下钻，下钻时一定要匀速，特别注意不能突然加速，防止测量部分的引鞋脱键。当测量部分下至井深约 200m 处时，开泵进行浅层测试：主要是观察泥浆脉冲信号的泵压增量及脉冲信号的解码情况。如果仪器工作正常，便可以下到井深约 800m 处进行中层测试；如果仪器不能正常工作，就需要进一步检查确认问题所在之处。

6）打捞井下仪器

当井下测量部分出现故障时，不需起钻，直接将测量部分打捞出井；当井下发生卡钻、落鱼等故障时，也可以及时地打捞出井下测量部分，使损失减小到最低程度。

打捞井下仪器时，必须配有缆绳绞车，在钻台上需要安装天地滑轮。将打捞器连接在加重杆上，然后用绞车将打捞部分逐渐下放，接近井底时，可以适当加速以便顺利打捞。

6. 仪器应用

时间：2017 年 7 月。

地点：青海花土沟。

井队名称：西部钻探青海钻井公司。

井队号：青海钻井公司 70161 队。

仪器类型及编号：LHE6504 175℃ MWD。

实际应用成功案例描述：2017 年 6 月 17 日至 2017 年 7 月 14 日，175℃ MWD 对此井进行作业，累计工作时间 26d，跟踪井深 3150～5100m，井下最高温度达到 160℃ 以上。

四、旋转阀无线随钻测量系统

1. 功能介绍

旋转阀 MWD 配旋转导向系统采用旋转阀的正泥浆脉冲技术，并在地面部分使用无线电传输立管压力信号及其他数据参数，使用时不需要布置电缆。与之相配套的数据处理软件可以解码并显示井下有关参数。仪器井下最高使用温度能达到 175℃。

仪器采用总线技术，可以选配伽马测量短节，并可以通过无线传感器引入井深参数，拓展其应用范围。

2. 工作原理

探管短节采集井下相关数据，然后通过控制单元将采集到的数据编码为一定序列的数据串，该数据串控制脉冲发生器电机的动作，电机通过减速器带动转子转动，改变定子处的过流面积，从而改变泥浆压力，产生泥浆压力信号，如图3-40所示。

置于泥浆管线上的压力传感器按一定的频率采集泥浆压力信号，并将此信号以无线方式发送，与LHE1132数据处理仪连接的无线收发主机接收并处理泵压信号，通过LHE6531A数据处理软件解算为需要的数据，同时将结果以无线方式传输至LHE6023司钻显示器。

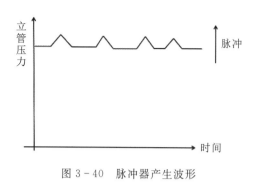

图3-40 脉冲器产生波形

3. 系统组成

旋转阀无线随钻测量系统由地面设备、井下总成两部分组成，其中地面设备同泥浆脉冲式无线随钻测斜仪地面设备。

井下总成包括脉冲发生器短节（外接悬挂钻铤）、电池筒短节、驱动短节、探管短节等。井下总成中，还可选配伽马短节，如图3-41所示。

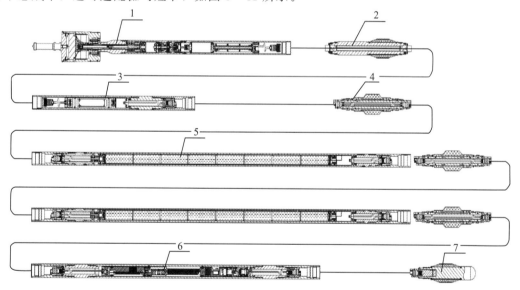

1. 旋转阀脉冲器；2. 双公接头；3. 振动检测短节；4. 扶正器；5. 电池组；6. 探管；7. 尾部螺堵。

图3-41 井下总成连接示意图

4. 技术参数

1）探管短节

（1）倾斜角：（0°～180°）±0.1°。

（2）方位角：（0°～360°）±1.0°。

（3）高边工具面：（0°～360°）±0.5°。

（4）磁性工具面：（0°～360°）±0.5°。

2) 地面设备

(1) 工作温度：-40~65℃。

(2) 防护等级：IP65。

(3) 工作频率：433MHz、915MHz 可选。

(4) LHE6025 无线传感器主机：工作时间 200h、充电时间约 4h、电池充电次数不小于 500 次。

(5) LHE6028C 压力传感器：压力量程为 0~30MPa；LHE6023 司钻显示器：工作时间 50h、充电时间约 8h、电池充电次数不小于 500 次。

3) 井下其他性能指标

(1) 最高工作温度：175℃。

(2) 仪器承压：120MPa。

(3) 仪器直径：ϕ48mm。

(4) 仪器长度（有伽马短节）：6.45m。

(5) 仪器长度（无伽马短节）：5.28m。

(6) 电池工作时间：≥200h。

(7) 泥浆排量（取决于钻铤尺寸）：10~55L/s。

(8) 仪器压降（取决于钻铤尺寸和泥浆排量）：1~2MPa。

(9) 泥浆信号强度：0.5~2MPa。

(10) 泥浆黏度（漏斗黏度）：≤140s。

(11) 泥浆含砂：<1%。

(12) 泥浆密度：≤2.5g/cm^3。

5. 操作流程及注意事项

1) 仪器尺寸与钻具尺寸配合

(1) 6.75 寸（1 寸=0.033m）钻具选择：4.125 寸脉冲发生器、6.75 寸悬挂短节。

(2) 4.75 寸钻具选择：3.44 寸脉冲发生器、4.74 寸悬挂短节。

2) 脉冲器间隙设置

为保证仪器能在井下提供足够的压力差和脉冲信号强度及尽可能提高阀组工作寿命，需要严格选择"定子"和"转子"，并对脉冲器"定子"与"转子"之间的"间隙"进行设置，以保证信号幅度为 0.3~2MPa。

3) 电池的选择

如最高静止温度在 150℃ 以下，选择 APS60759 电池；如钻井最高静止温度为 150~175℃，选择 APS60759-H180 电池。

4) 仪器的准备

一般要求脉冲器、电池筒、驱动短节、探管双配，即保证入井一串仪器，地面备用一串仪器；如果温度较高，需要确定仪器分段循环测试方案。

5) 仪器串组装和测试

复核脉冲器定转子之间的间隙；从上到下，连接脉冲器、电池1、电池2、驱动短节、探管；每个连接处的 O 型圈必须涂抹 DC-111 高温硅脂，公扣涂抹铜基丝扣油；紧扣之前，先将直尾巴处连接线，然后反转 3 圈半，再开始接扣；在探管接口处接入测试盒，观察电压、LED 指示灯状态是否正常，敲击流量开关传感器，观察阀组定转子能否全开全闭、机械组件有无异响。

五、方位伽马测量仪

1. 功能介绍

目前，在石油钻井随钻测斜技术领域中，通过实时测量地层的伽马值就可以判断随钻仪器当前所处的地层。自然伽马测斜仪只能测量随钻仪器周围的地层伽马值，方位伽马测斜仪可以识别随钻仪器某一方位的地层伽马值，通过实时上传到地面的方位伽马参数，可以迅速和准确地判断随钻仪器是否正在打出目的层，这在水平段钻井中具有重要意义。方位伽马短节，主要应用在以下方面：①测量特定方向的自然伽马值；②准确判断不同地层的界面位置；③计算及预计地层倾角。

2. 工作原理

地层中的放射性核素（主要有铀、钍、钾）发生核衰变时，放射出伽马射线，部分的伽马射线被伽马探头探测到并转化为电脉冲信号，由电子组件进行测量和处理即得到地层的自然伽马放射性强度。根据地球物理、地球化学及岩层沉集、油气运移、储积与岩层的相关性等理论，结合其他测井参数来推出被测岩层的岩性及油气田储藏情况。

方位伽马可探测特定方向的伽马射线，只要知道窗口的朝向，就可以获悉辐射的方向，进而得到储集层的方位信息，如图 3-42 所示。

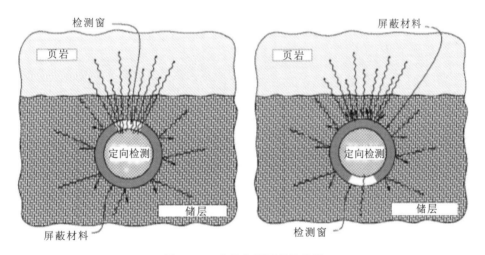

图 3-42 方位伽马原理示意图

3. 技术指标

(1) 测量范围：0~500 API。

(2) 灵敏度：≥0.65CPS/API。

(3) 精度：±2%。

(4) 聚焦分辨率：50°。

(5) 垂直分辨率：≤150mm。

(6) 存储点数：≥10 000。

(7) 工作温度：0~150℃。

(8) 工作电压：20~30V。

(9) 工作电流：<30mA@28V。

(10) 直径：ϕ48mm。

(11) 正弦扫频：10G 50~200Hz（正常工作）、20G 30~200Hz（不损坏）。

(12) 随机振动：10G 50~1000Hz。

(13) 抗冲击：500G、0.5mS（Z 轴），1000G、0.5mS（X，Y 轴）。

4. 使用方法

根据现场的实际情况将 LHE6449 方位伽马测量仪组装到 MWD 系统中，使用管钳紧固。推荐井下连接顺序由下到上为：大活塞→脉冲器→电池短节→探管短节→伽马短节→方位伽马→打捞矛。

将仪器串通过 LHE6428 连接至 LHE6431 软件，上电检查指示灯是否正常；操作界面如图 3-43 和图 3-44 所示，它的工作参数设置方法如下。

图 3-43 方位伽马角差修正

(1) 选择正确串口，打开 LHE6431 软件。

(2) 打开角差界面，使用水平泡正确设置仪器角差（除了探管角差，还需要设置本仪器角差）。

(3) 回到软件主界面，打开方位伽马界面≫方位伽马。

(4) 读取短节标定系数是否正常。

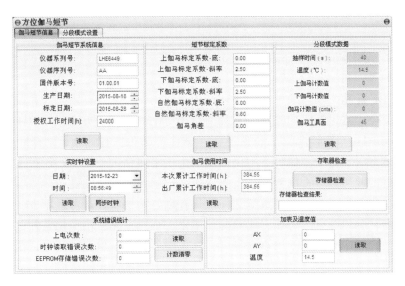

图 3-44 方位伽马系统信息界面

（5）读取分段模式数据是否正常，主要是温度、上伽马计数值和伽马工具面。

（6）同步时钟，并再次读取看是否正常。

（7）存储器检测，查看存储器是否正常。

（8）分段工作模式根据现场实际需要进行设置。

（9）设置环境补偿系数（该操作同 LHE6417A）。

（10）设置完成 LHE6449 方位伽马测量仪的软件，可以进行其他短节的相关参数设置。

六、EMWD 电磁波无线随钻测量系统

1. 功能介绍

LHE7501 系列 EMWD 电磁波无线随钻测量仪，如图 3-45 所示，为双通道传输无线随钻测量系统，适应于井下工程参数测量系统及传输速率要求高的钻井工程。

2. 仪器特点

（1）EM 传输速度快，解码能力强，可适应不同地层信号传输。

（2）井下实现自动模式判断。

（3）地面自动判别传输通道，智能解码。

3. 技术参数

（1）EM 发射功率：≥20W。

（2）EM 发射频率：1～10Hz。

（3）EM 传输波特率：0.25～5bps。

（4）EM 绝缘电阻：≥20MΩ。

图 3-45 EMWD 电磁波
无线随钻测量仪

(5) 地层电阻率适用范围：3～1000Ω·m。
(6) 系统直径：6-3/4″。
(7) 长度：≤12 000mm（不含 Gamma）。
(8) 两端扣型：410×411（NC50）。

为指导野外钻探施工和检验钻孔质量，新的孔内测试仪器在不断更新和改进，如光纤陀螺测斜仪使用前可无需进行方向校准，测量中自主寻北，直接测出钻孔倾斜的真北方位角，被称作能在任何地区（南北半球）、任何场合（磁性、裸孔、套管孔、钻杆）都可应用的测斜仪。光纤陀螺测斜和定向一体仪，不仅成功应用于定向钻进施工中，还在水平定向钻进施工中也取得良好的使用效果；内部装有重力加速度传感器和高精度磁场传感器的钻孔空间轨迹测量仪器，全固态设计，无活动机械部件，具有良好的抗震性，可适用于非磁或弱磁地区的钻孔，也为随钻测量提供了可能。仪器的数字化、小口径化、小型化是井下仪器的发展趋势之一，近年来仪器厂家陆续推出小口径页岩气煤层气测井车、无缆测井系统、高温地热测井系统、水合物测井系统等。以下介绍几种小口径孔内测试仪和测试探管。

1) KXP-1S 轻便数字测斜仪

它是一种新型的测量井斜的数字化仪器设备，用于精度要求较高的垂直井（孔）的测量（图 3-46），可广泛应用于工程、水文测井及油田、煤田、地质等测井领域。地面可直读钻孔顶角和方位，是各类机械地质测斜仪的换代产品。

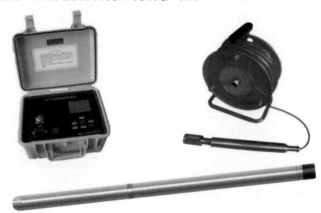

图 3-46　KXP-1S 轻便数字测斜仪

主要技术参数如下。
角测量范围和精度：0°～±50°，±0.2°；分辨率：0.01°。
方位角测量范围和精度：0°～360°，±3°；分辨率：0.1°。
测量方式：点测直读，任意测量。
可记录点数：任意点数。
工作电源：外接 220V 电源或内置锂电池。
地面仪与井下仪尺寸：地面仪：280mm×225mm×155mm，2.5kg；井下仪：ϕ40mm×1210mm，6kg。
工作环境：地面仪：-10～50℃；湿度：≤85%。
　　　　　井下仪：-10～75℃；耐压：15MPa。

2) KXP-3D智能遥控数字测斜仪

它是适用于非磁性或弱磁性地区的钻进方向检测仪器（图3-47），采用了现代先进技术的传感器和数字处理技术，以智能遥控方式完成钻孔顶角及方位角的测量，测量完现场可一键成图。

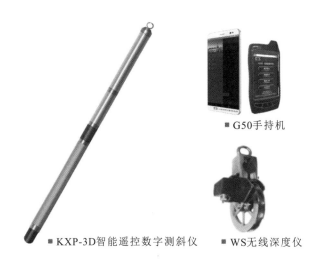

图3-47　KXP-3D智能遥控数字测斜仪

KXP-4D的井下仪采用了更小尺寸的外径设计，并可扩展为水平测斜仪和全方位测斜仪，广泛应用于巷道内钻孔测斜，使用范围更为广泛。

主要特点包括：可连接无线深度仪，实时记录探管深度，软件一键出钻孔轨迹图；采用巨磁效应磁阻传感器测量地磁场及钻孔方向的磁矢量，精度更高；采用三维高精度重力加速度传感器测量顶角，精度高，性能稳定；井下仪尺寸更小，可适用更小口径钻孔测斜，测量参数更可扩展；遥控测量，任意时间，任意深度，大幅提高了工作效率。

主要技术参数如下。

顶角测量范围和精度：0°～±50°，±0.1°；分辨率：0.01°。

方位角测量范围和精度：0°～360°，±4°；分辨率：0.1°。

测量方式：遥控采集，任意测量。

可记录点数：任意点数。

工作电源：内置锂电池。

井下仪尺寸：ϕ40（30）mm×1090mm，5kg。

工作环境：井下仪：−10～75℃；耐压：20MPa。

3) JJX-3DA高精度测斜仪

它是一种新型的钻孔空间轨迹测量仪器（图3-48）。仪器内部装有重力加速度传感器和高精度磁场传感器，采用的是全固态传感器，没有活动机械部件，有良好的抗震能力。通过这些传感器测量出地球重力和磁场矢量在仪器坐标轴上的分量，计算出仪器的坐标系在大地空间坐标系的位置参数，得到钻孔的空间取向（顶角、方位角）。进一步的数据处理可以计算出钻孔的弯曲率、偏心率、水平位移和垂距等参数。

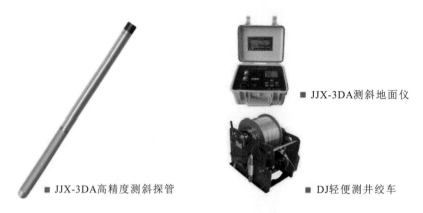

■ JJX-3DA高精度测斜探管　　■ JJX-3DA测斜地面仪　　■ DJ轻便测井绞车

图3-48　JJX-3DA高精度测斜仪

主要技术参数如下。

顶角测量范围和精度：0°～±50°，±0.1°；分辨率：0.01°。

方位角测量范围和精度：0°～360°，±2°；分辨率：0.1°。

测量方式：点测直读，任意测量。

可记录点数：任意点数。

工作电源：外接220V电源或内置锂电池。

地面仪及井下仪尺寸：地面仪：280mm×225mm×155mm，2.5kg；井下仪：$\phi 40(50)$mm×1350mm，15kg。

工作环境：地面仪：-10～50℃；湿度：≤85%。

井下仪：-10～75℃；耐压：25MPa。

4）JTL无缆光纤陀螺测斜仪

它采用了一种对地球转速的有高灵敏度的角速度传感器，使用前无需方向校准，井下自寻北且无累计误差，测量结果为真北方位角，可在磁性矿区、钻杆内使用（图3-49）。

它通过钢丝绳或钻具下井测量，使用非常方便，具有精度高、体积小、质量小、零点漂移小、寿命长、维护方便等诸多优点。

主要特点：采用三维高精度重力加速度传感器测顶角，精度高，可靠性好，性能稳定。采用光纤陀螺仪测量方位，不受地磁场

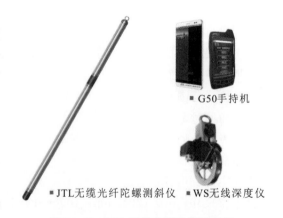

■ JTL无缆光纤陀螺测斜仪　　■ WS无线深度仪　　■ G50手持机

图3-49　JTL无缆光纤陀螺测斜仪

等干扰，应用范围广。采用自寻北工作方式设计，无需测前对北和北向校准，方位无时间漂移。可在手持机上设置线缆参数，无线深度仪可将深度信息准确实时显示。井下仪和无线手持机之间采用无线数据传输，使用、操作简单。

主要技术指标如下。

顶角测量范围和精度：0°～±50°，±0.1°；分辨率：0.01°。

方位角测量范围和精度：0°～360°，±2°；分辨率：0.1°。

测量方式：点测直读，任意测量，自寻北。

可记录点数：任意点数。

通信方式：ISM无线（数字式）。

工作电源：锂电池。

工作环境：井下仪：-10～75℃；耐压：25MPa。

5) JTL纤陀螺测斜与定向一体仪

它通过专用测井绞车和电缆下井测量，将钻孔顶角、方位角、工具垂向角、工具方位角实时传送到地面显示。仪器采用三维高精度重力加速度传感器测量顶角，采用光纤陀螺测量方位，不受地磁场干扰，应用范围广，南北半球均可使用（图3-50）。它采用自寻北工作方式，无需测前对北和北向校准，方位角测量无漂移。测斜、纠偏一体化设计，一次下井即可完成所需工作，特别适合配合螺杆钻具实现定向钻进，可连续纠偏。仪器可随钻测斜，实时显示数据，连续显示工具面方位角。

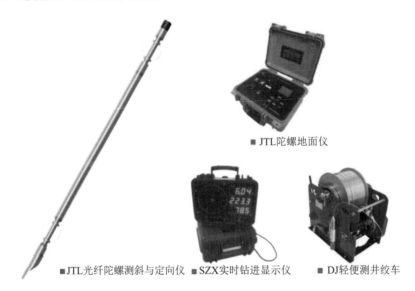

图3-50 JTL光纤陀螺测斜与定向一体仪

主要技术参数如下。

顶角测量范围和精度：0°～±50°，±0.1°；分辨率：0.01°。

方位角测量范围和精度：0°～360°，±2°；分辨率：0.1°。

测量方式：点测直读，任意测量，自寻北。

可记录点数：任意点数。

通信方式：改良曼彻斯特码。

工作电源：地面交流220V。

工作环境：井下仪：-10～75℃，耐压：25MPa。

6) JJX-4位移测斜仪

该位移测量仪用于岩土地基水平、垂直位移监测（图3-51），广泛用于水利工程、矿山建设、港口建设及城市建设中，还可以用于山体边坡位移的监测，为地质灾害预报提供信息。

仪器采用重力加速度传感器，通过监测观测孔的斜度变化来分析计算地基的水平、垂向位移变化。仪器具有灵敏度高、观测准确、使用方便等特点。

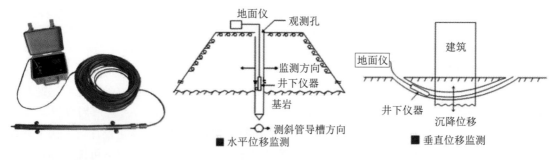

图 3-51　JJX-4 位移测斜仪

主要技术参数如下。

位移测量范围：0～±130mm/500mm，即倾斜角度测量范围：0～±15°。

位移测量分辨率和精度：分辨率：0.01mm/500mm，即倾斜角度：4″；精度：0.025%FS。

测量方式：点测直读（可遥控），任意测量。

适用测斜导管规格：ϕ60mm～ϕ100mm。

地面仪与井下仪尺寸：

地面仪：280mm×225mm×155mm，5kg。

井下仪：ϕ34mm×800mm，3kg，导轮间距 500mm。

7) 电阻率伽马组合探管（型号：JDX-2Dr）

电阻率伽马组合测井仪（图 3-52）是一支经典的组合探管，通过不同的布极方式，可测量梯度电阻率、电位电阻率和自然电位等参数。通过解译从而获得地层的渗透率、孔隙度、水质、地层界面等信息。

适用条件：裸眼井、有水或泥浆。

特点：

(1) 探管将测量得到的地层信息进行数字化，编码传输至地表，避免电缆对测量数据的影响。

(2) 恒功率、自适应测量，无需任何手动操作。

应用：

(1) 分析矿床的所在区域，判断其边界。

(2) 划分地层界面，判断地层相的变化。

(3) 判断含水层的位置、厚度和测定水质等。

参数：

(1) 仪器电源：直流 200V±20%，电流不大于 40mA。

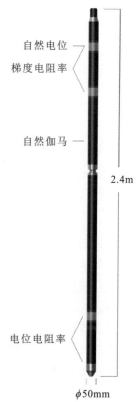

图 3-52　JDX-2Dr 电阻率伽马组合测井仪

(2) 电极系排列：N 0.6 M₂ 1.3 M₁ 0.3A。

(3) 自然伽马探测器：NaI 晶体。

(4) 测量范围：视电阻率：1～4000Ω·m（定制可达 10 000Ω·m）。

自然电位：±1200mV。

自然伽马：0～32 768cps。

(5) 测量精度：2%（10～4000Ω·m）或±1Ω·m。

8）多参数组合探管（型号：JSXWD-1）

多参数组合测井仪（图3-53）是一种为提高测井效率而开发的组合测井仪器。仪器集成了声速、声幅、井斜、井温等测量参数，分为声波部分探管和测斜井温部分探管，可以单独使用。一次下井就可完成多个测量项目，提高了工作效率。

适用条件：裸眼井、有水或泥浆。

特点：

(1) 优化了井下仪结构，操作简便，仪器的抗震性大大提高，更耐用。

(2) 数字化编码传输，提高了仪器的抗干扰能力。

应用：

(1) 煤、气、核、水文等矿藏的勘探和质量评价。

(2) 识别岩性和孔隙度、渗透率评价。

(3) 岩层破碎、岩石强度和弹性的评价。

图3-53 JSXWD-1声速测斜多参数组合测井仪

参数：

(1) 顶角测量范围：0°～50°；精度：±0.1°；分辨率：0.01。

(2) 方位角测量范围：0°～360°；精度：±2°（顶角>3°），±4°（1°<顶角≤3°）。

(3) 井温测量范围：-10～90℃；精度：≤0.5℃；灵敏度：≤0.1℃；感温时间：≤2s。

(4) 稳定性：连续工作4h，输出变化不小于3%。

(5) 声系：非定向一发双收，源距0.5m，间距0.2m。

(6) 发射换能器：P-42陶瓷；接收换能器：P-51陶瓷。

(7) 声速测量范围：125～555μs/m；测量精度：5μs/m。

(8) 声幅测量范围：0～2000mV；测量精度：±2%。

9）井温、井液电阻率探管（型号：JWY-1）

井温、井液电阻率测井仪（图3-54）专用于测量钻孔内流体的温度变化和电阻率变化。一般用于解决在水文地质中需

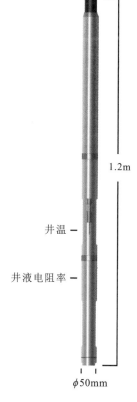

图3-54 JWY-1井温、井液电阻率测井仪

要了解含水层溶解离子的浓度，并确定钻孔中发生流体流动的位置。

适用条件：裸眼井、有水或泥浆。

特点：

（1）传感器采用小时间常数的 Pt100 铂电阻，能快速响应地层中温度的变化。

（2）抗干扰能力强。

应用：

（1）通过流体电导率研究盐度和海水入侵。

（2）判断出液层和流失层。

（3）地下水水温、水位、水质监测。

（4）地温梯度测井，还可配合需要温度补偿的其他测井。

参数：

（1）温度测量范围：0~100℃；分辨力：0.025℃。

（2）温度传感器：铂电阻（Pt100）。

（3）电阻率范围：0~200Ω·m；分辨力：0.05Ω·m。

（4）电极装置：A 0.04 M 0.02 N 0.02 N，∞B。

10）流量水位测井探管（型号：JDL-2W）

流量水位测井仪（图 3-55）可用于水文、地质、煤田、石油等行业钻孔中的流体流速测量，可以分辨钻孔轴向上的流体流向和流速大小。经过孔径换算可以计算出孔内流体流量。测量流速的同时还可测量水位降深和井温。

适用条件：套管、裸眼井、有水或泥浆。

特点：

（1）用无磁合金作测量电极，高质量静电屏蔽技术，特殊的励磁方式。

（2）一体化流速传感器，无活动部件，耐化学和磨损的合金电极。

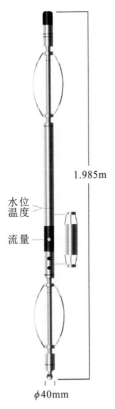

图 3-55 JDL-2W 流量水位测井仪

（3）高精度、长寿命的水位降深传感器，可长期稳定工作。

应用：

（1）抽水试验计算。

（2）识别含水层位置。

（3）验证渗透区。

（4）套管泄漏检测。

参数：

（1）流速测量范围：13~1500mm/s；测量精度：2%FS，分辨率：0.2mm/s。

（2）水位测量范围：0~400m；水位测量精度：±10mm，分辨率：2mm。

（3）适用孔径：ϕ55mm~ϕ200mm。

（4）连续测井速度：≤1000m/h。

（5）点测：记录流速-时间曲线、水位-时间曲线。

11) 流体取样探管（型号：JQY-1）

流体取样器是一支在容腔上装有电动阀的探管（图3-56）。当探管放入钻孔前，阀门保持常闭，绞车将探管放到指定深度，电脑通过软件激活探管上的电动阀，待容腔被流体填满后，再通过软件激活探管上的电动阀，使其保持常闭状态，然后取出探管，利用探管底部的手动阀来倾倒样品。

适用条件：套管、裸眼井、有水。

特点：

（1）大扭矩电机驱动带有滚珠的丝杠。

（2）样品容量1L，可定制更大体积的容腔。

应用：

（1）地下水和水井水质研究、环境研究。

（2）调查不同深度的水质情况。

（3）野外取样实验室分析。

参数：

（1）体积：1L。

（2）使用环境：≤75℃。

（3）信号：双极性编码。

12) 三侧向、伽马、自电测井探管（型号：JCX3-GMD）

三侧向、伽马、自电测井仪（图3-57）组合了三侧向电阻率和自然伽马及自然电位等测量参数，以提高测井工作效率。采用聚焦方式供电，测量受钻井液及上下围岩影响小，不仅测量结果更接近真实电阻率，而且测量曲线陡度大，对称性好，在油田、煤田划分矿层及薄矿层，研究矿层结构有很好的效果。

图3-56 JQY-1流体取样探管

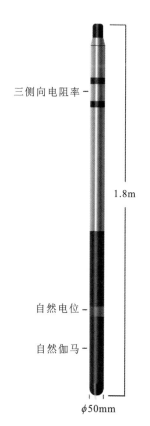

图3-57 JCX3-GMD三侧向、伽马、自电测井仪

适用条件：裸眼井、有水或泥浆。

特点：

（1）采用恒功率方式供电，测量动态宽，数据准确。

（2）多参数组合测井，工作效率大大提高。

应用：

（1）划分矿层及薄矿层，研究矿层结构。

（2）划分地层界面，判断地层相的变化。

（3）判断含水层的位置和厚度。

（4）估算铀浓度。

参数：

（1）三侧向电极：不锈钢电极，电极长度：$A_0=60mm$，$Ap=2\times 600mm$。

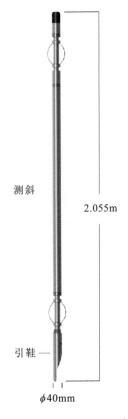

图 3-58 JTL-40GX 光纤陀螺测斜（定向）仪

(2) 三侧向供电：250Hz 交流恒功率。
(3) 电阻率测量范围：$1.2 \sim 1.2 \times 10^5 \Omega \cdot m$，精度：5%（$10\Omega \cdot m \sim 10k\Omega \cdot m$）。
(4) 伽马探测器：NaI 晶体＋光电倍增管。
(5) 自然伽马测量范围：1~32 768cps。
(6) 自然电位电极：铅电极。
(7) 自然电位测量范围：-1200~1200mV，5%。

13）光纤陀螺测斜探管（型号：JTL-40GX）

光纤陀螺仪（长寿命）是一种可以敏感地球转速的高灵敏度传感器（图 3-58），使用时无需在地面进行方向校准，它可以自主寻北，得出的方位值就是钻孔倾斜真北方位角，使用非常方便。它虽然价格较贵，但具有精度高、体积小、质量小、零点漂移小、寿命长、维护方便等诸多优点。

适用条件：套管、裸眼井、干孔、有水或泥浆。

特点：
(1) 采用光纤陀螺仪测量方位，不受地磁场等干扰，应用范围广。
(2) 采用自寻北工作方式设计，无需测前对北和北向校准，方位无时间漂移。
(3) 采用三维高精度重力加速度传感器测顶角，精度高，可靠性好，性能稳定。

应用：
(1) 套管内、钻杆内、铁矿区地质钻孔测斜。
(2) 目标打靶位钻探施工，定向井、水平径向孔施工。
(3) 煤、气、核、水文等指导钻探或检测钻孔质量。
(4) 水利水电、公路桥梁、大型建筑等桩基工程检测。

参数：
(1) 顶角测量范围：0°~50°；测量精度：±0.1°；分辨率：0.01°。
(2) 方位测量范围：0°~360°；测量精度：顶角大于1°时，优于±2°（纬度0°~±45°）。
(3) 测量方式：点测（推荐）。
(4) 寻北时间：≤2min。

14）密度组合探管（型号：JMZD-2D）

密度组合测井仪（图 3-59）组合了聚焦电阻率参数（三侧向）、自然电位参数、井径参数及自然伽马参数的测量。该仪器可以用于石油、煤、气等矿藏的勘探工作中，判

图 3-59 JMZD-2D 密度组合测井仪

断岩性，测量地层孔隙度，还可以用来检测生产井套管外的水泥固井质量。

适用条件：套管、裸眼井、有水或泥浆。

特点：

（1）电机收放井径臂，并监测整个收放过程，安全可靠。

（2）采用长、短源距探测器同时测量的方法，可以补偿泥饼等不利因素进行测井。

（3）多参数同时测量，大大提升工作效率。

应用：

（1）定量计算原位地层密度。

（2）石油、煤、气等矿藏的勘探和质量评价。

（3）判断岩性。

（4）测量地层孔隙度。

（5）检测生产井套管外的水泥固井质量。

（6）钻孔直径测量和配合其他测井进行校正计算。

参数：

（1）三侧向电极：不锈钢电极，聚焦电极长：$2L = 2 \times 0.6 \mathrm{m}$；聚焦主电极长：$L_0 = 0.06 \mathrm{m}$。

（2）自然电位电极：铅电极。

（3）自然伽马探测器：NaI 晶体；散射探测器：NaI 晶体。

（4）测量参数及范围：井径：$60 \sim 200 \mathrm{mm}$，5%；自然电位：$-1200 \sim 1200 \mathrm{mV}$，5%；聚焦电阻率：$1.2 \sim 1.2 \times 10^5 \Omega \cdot \mathrm{m}$，5%；自然伽马：$0 \sim 32\,768 \mathrm{cps}$；长源距：$0 \sim 32\,768 \mathrm{cps}$；短源距：$0 \sim 32\,768 \mathrm{cps}$；密度：$1 \sim 3 \mathrm{g/cm^3}$，3%。

（5）推靠壁推靠力：$>10 \mathrm{kg}$。

15）补偿中子测井探管（型号：JZZ-1）

补偿中子测井是一种核测井方法。采用同位素钚-铍作为中子源（可选可控源），中子源产生的快中子经过地层的减速成为热中子，热中子的一部分会因进一步减速被地层中的原子核俘获。未被地层原子核俘获的部分经扩散到探测器处被探测到。测量得出的中子孔隙度计数率，可以直接反应地层的孔隙度（图3-60）。

适用条件：套管、裸眼井、有水或泥浆。

特点：

（1）提高检测器的灵敏度，保证测量结果准确、稳定。

（2）采用的弱源设计，减少了使用人员所受辐射剂量。

（3）采用两级源罐，进一步方便操作，加强防护。

应用：

（1）气、液等矿藏的勘探和质量评价。

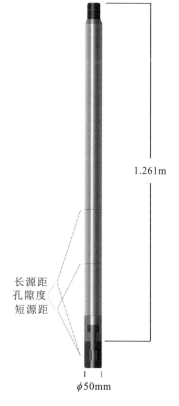

图3-60 JZZ-1补偿中子测井仪

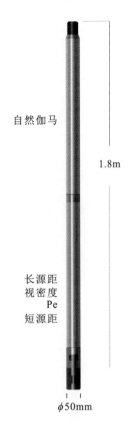

图 3-61 JYMD-1
岩性密度测井仪

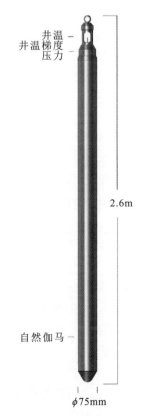

图 3-62 JFSW-H(W)
地热伽马组合测井仪

(2) 识别岩性并计算孔隙度、渗透率。

(3) 圈定并评价含水层。

参数：

(1) 中子源：钚-铍源 5MeV，强度≥3.7×10 Bq（可选可控源中子管）。

(2) 探测器：^{3}He 管，ϕ25.4mm×240mm。

(3) 计数范围：1~60 000cps。

(4) 中子孔隙度测量范围：1%~60%。

16) 岩性密度测井探管（型号：JYMD-1）

岩性密度测井是密度测井的改进和扩展。它除了记录岩石的密度之外，还测量地层的光电吸收截面指数 Pe，而 Pe 和岩性有关。测井时，井下仪器分别记录散射 γ 射线较高能量部分和较低能量部分。高能量部分的散射 γ 射线强度取决于密度；低能量部分主要和岩性有关，同时也和密度有关，经过处理后可以得到 Pe（图 3-61）。

适用条件：套管、裸眼井、干孔、有水或泥浆。

特点：

(1) 小直径轻便型仪器，适合小径眼钻井情况下使用。

(2) 稳谱采用实时温补和通过监督高能峰对称道的计数率来实现，解析采用线性矩阵最小二乘法实现。

(3) 采用长、短源距探测器同时测量的方法，可以补偿泥饼等不利因素进行。

应用：

(1) 复杂岩性的含油气层的评价。

(2) 识别岩性和黏土类型。

(3) 定量计算原位地层密度。

(4) 研究相变化和沉积环境。

(5) 测量地层孔隙度。

参数：

(1) 自然伽马探测器：NaI 晶体+光电倍增管。

(2) 放射源：^{137}Cs，3700MBq。

(3) 量参数及范围：自然伽马：1~32 768cps，精度：5% FS；密度 1.3~3.0g/cm^3，精度：±0.025g/cm^3；Pe：0~20，Pe：±0.2B/e（1.3~6B/e）。

17) 地热伽马组合测井探管［型号：JFSW-H（W）］

地热伽马组合测井仪（图 3-62）组合了压力、井温、井温梯度和自然伽马等测量参数，可提高测井工作效率，采用无测井电缆测量方式，现场测井设备轻便，操作简单。数字地热测井仪设计使用最高温度为250℃/6h，设计最高耐压100MPa，适用于高温深孔使用。

适用条件：套管、裸眼井、干孔、有水或泥浆。

特点：

（1）采用铂金电阻传感器Pt‑1000实现，温度测量精度高，稳定性好。

（2）单片机（MCU）根据温度的变化自动补偿压力零点漂移。

（3）使用方便，设备简单。

应用：

（1）划分地层界面，判断地层相的变化。

（2）地热资源调查及研究。

（3）确定产热层位、产气层位、可溶物层位。

（4）地质灾害防治工程。

参数：

（1）伽马射线探测传感器：NaI晶体＋光电倍增管。

（2）伽马射线探测计数范围：0～65 000cps；精度：5%FS。

（3）伽马射线探测能量阈值：≥0.06MeV。

（4）井温测量范围：0～250℃；井温分辨率：0.025℃。

（5）温度梯度测量范围：0.02～2℃/m（测速～600m/h）。

（6）井温测量传感器：Pt‑1000。

（7）仪器承压：≤100MPa；仪器耐温：－10～300℃。

18）地热电阻率测斜探管［型号：JWDX‑H(W)］

地热电阻率测斜探管是一种多用途、高效率的组合测井仪（图3‑63）。一次下井可以同时测得井温、顶角、方位角、侧向电阻率等多个参数。电阻率测量采用聚焦电流的方式，降低了井液和低阻岩层对计算电阻率的影响，从而使得测量计算的视电阻率更加接近岩层的真实电阻率。通过测量的顶角和方位角，还可计算出钻孔的弯曲率、偏心率、水平位移、垂距等参数。

适用条件：套管、裸眼井、干孔、有水或泥浆。

特点：

（1）侧向电阻率对岩性剖面分层能力较强、受井液影响小，结果接近真实电阻率。

（2）采用高精度重力加速度传感器和高精度磁场传感器，全固态设计，提高了仪器的抗震性和耐用性。

（3）采用铂金电阻传感器Pt‑1000实现，测量精度高，稳定性好。

应用：

（1）划分地层界面，判断地层相的变化。

（2）地热资源调查及研究，确定产热层位，寻找出液层和流

图3‑63 JWDX‑H(W)
地热电阻率测斜探管

失层。

(3) 水文及地下水资源调查。

(4) 地震临期和前期预报研究，地质灾害防治工程。

参数：

(1) 三侧向电极：不锈钢电极，电极长度：$A_0=60mm$，$Ap=2\times120mm$。

(2) 电阻率测量范围：$1\sim2500\Omega\cdot m$；精度：5%。

(3) 井温测量传感器：Pt-1000。

(4) 井温测量范围：$0\sim250℃$；井温分辨率：$0.025℃$。

(5) 顶角测量范围：$0°\sim50°$；测量精度：$\pm0.1°$；分辨率：$0.01°$。

(6) 方位角测量范围：$0°\sim360°$；测量精度：$\pm4°$（顶角$1°\sim30°$）。

(7) 仪器承压：$\leqslant100MPa$；仪器耐温：$-10\sim300℃$。

第五节　高温检测技术难点问题分析和应对策略

随着深井和超深井的增多，对高温高压随钻测井工具的需求也呈逐渐上升的趋势。虽然近几年检测技术已经得到了突飞猛进的发展，但关于仪器的耐高温难题，目前研究程度还很低。地层高温是钻井深度受限的主要原因，也是随钻测井行业的能力极限。

提高仪器高温可靠性的关键是提高电子元器件在高温下的使用寿命。其中核心问题和障碍是在高温条件下电子元件的失效。选择在高温环境下性质更稳定的材料，是成功研发耐受高温电子元器件的关键。目前最尖端的技术是耐受$230℃$以上极高温的电子部件和封装电子部件技术。

高温元器件是高温电路设计中的重中之重。按照工业标准，普通的电子器件使用的温度范围一般是$-40\sim85℃$，即使军品电子器件的使用温度也不过是$-40\sim125℃$，远远不能满足在油田井下高温高压振动的恶劣环境中使用的要求，故能在高温高压下可靠工作的电子元器件就成了制约电子传感器的发展瓶颈。主要原因有以下几点。

(1) 流通适用器件极少，包括使用温度超过军需器件温度（典型$125℃$）的器件。

(2) 缺少相关的电子参数随温度的增加变化的信息和标准。

(3) 高温电路的使用份额小，市场需求少，使得高温电子器件的研究开发几乎陷入停顿，值得期待的是目前地热测量、空间探测给高温测试技术提供了较大的市场。

高温电子学研究表明，高温元件在高温下工作也并非完全可靠。如普通电容在高温下绝缘性及耐压下降，长期在高温下工作会导致普通电解电容爆浆等问题，而高温电容在高温下的容值及绝缘电阻离散性较大。

PN结元件在高温恒定电流环境下，正向偏置电压、载流子迁移率下降，反偏泄漏电流及反偏电导呈指数增长。

在高温环境下，BJT元件的正向偏置电压下降，迁移率随基区和集电区电阻率的增加而下降，电流增加高温下，JFET元件迁移率下降，沟道夹断电压值增加。

为了应对市场的需求，2003年在霍尼韦尔（Honeywell）公司的主导下，由BP、Baker Hughes、Goodrich Aerospace、Halliburton、IntelliServ、Quartzdyne和Schlumberger等来共同研究开发在高温环境中（$>250℃$）使用的各种集成电路（IC）的制造方法、材料、设

计工具等。目前主要以硅绝缘体（silicon on insulator，SOI）和碳化硅（silicon carbide，SiC）为材料开发出了一系列的高温电子器件和传感器。

图 3-64 列出了常见电子器件的耐受温度信息。最常用的电子元件有 3 种：电阻、电容和晶体管。它们也是传感器件和集成电路的基本单元。

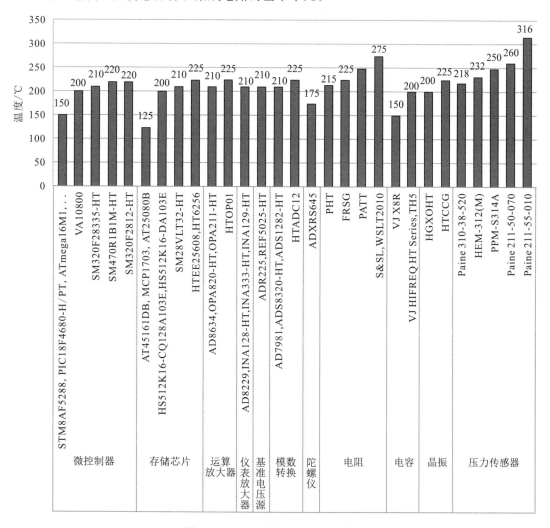

图 3-64 电子器件的耐受温度信息

1. 电阻器件

电阻是高温环境下应用较多的耐高温无源元件。电阻器件一般都是由正负温度系数的材料制成，所以当温度大幅度变化时，它的阻值将发生变化，另外，当电阻器件在高温或低气压的环境下使用时，散热困难将导致额定功率下降。例如 RTX 型碳膜电阻，当环境温度为 40℃时，它的使用功率为标称值的 100%，当环境温度增至 100℃时，它的允许使用功率仅为标称值的 20%；又如 RT-0.125W 金属膜电阻，环境温度为 70℃时，它的允许使用功率为标称值的 100%，当环境温度为 125℃时，它的允许使用功率仅为标称值的 20%。实验表明，温度每升高或降低 10℃，它的电阻值大约变化 1%。

作为电阻器件，金属氧化膜电阻高温特性较好，根据功率不同，耐温在 125～235℃ 之间。但作为小尺寸井下空间，电阻既要满足阻值要求，更需要考虑功率大小，额定功率的处理能力通常被指定在 70℃。贴片电阻中，一般为 0201 贴片电阻 1/20W、0402 贴片电阻 1/16W、0603 贴片电阻 1/10W、0805 贴片电阻 1/8W、1206 贴片电阻 1/4W、1210 贴片电阻 1/3W、2010 贴片电阻 3/4W、2512 贴片电阻 1W。随着温度增加，额定功率线性递减。如新一代的精密贴片电阻可承受最高 175℃，但是它的最大功率为 85℃ 的处理能力。小尺寸仪器多采用贴片电阻，目前精密的贴片电阻通常可以承受的温度高达 155℃，还有 175℃ 以上的薄膜型低电阻温度系数（TCR）电阻。随着生产技术的不断提高，最新一代的精密贴片电阻可承受最高 175℃，高温贴片电阻可达 275℃（surface mount wirewound resistors）。高温电阻性能如表 3-7 所示。

表 3-7 高温电阻性能

温度/℃	电阻系列和温度特性
275	S&SL 系列：阻值为 0.005～50kΩ，功率贴片，绕线形电阻，最大功率为 4W，公差为 ±0.01%，温度系数为 ±20×10^{-6}K^{-1}
225	FRSG 系列：未加载功率下，225℃ 持续 10 000h，阻值变化 0.1%，工作功率下，200℃ 持续 2000h，阻值变化 0.1%
215	PHT 系列：阻值范围为 10～7.5MΩ，工作温度为 -55～215℃，储存温度为 -55～230℃，温度系数为 15×10^{-6}，误差为 0.01%，负载稳定：0.35% 最大值，在 220℃ 2000h 后，稳定性：1% 最大值；RMKHT 系列：工作温度为 -55～215℃，储存温度为 -55～230℃，温度系数为 ±15ppm/℃（-55～215℃），误差为 ±0.05%，在长期 230℃ 存储下温度系数为 ±15 ppm/℃
250	PATT 系列：阻值范围为 1.0Ω～1MΩ，工作温度为 -55～250℃，储存温度为 -55～250℃，负载稳定性为 1000h，155℃ 和 100% 功率下阻值变化 0.2%
275	WSLT2010 系列：阻值范围为 0.01～0.5Ω，工作温度为 -65～275℃，功率为 1W，特殊精选的稳定材料允许在高的温度降额（至 275℃）和高额定功率下使用

2. 电容器件

电容的居里温度一般为 125℃，威马（WIMA）公司 MKP 薄膜电容最高使用温度为 175℃，目前也有耐高温的产品使用温度可达 200℃。

电容中最不耐高温的是电解电容，目前常见的耐温能力在 105℃ 以下。耐高温钽电容有比陶瓷电容更大的容值，常用于电源滤波。耐高温大纹波贴片电解电容的耐温能力一般为 125℃。电解电容的耐温能力由胶管的材质决定，材质不同，耐温能力不同。材质一般有聚氯乙烯（PVC）材质和聚对苯二甲酸乙二酯（PET）材质。PVC 材质的熔点为 180℃，电容使用温度为 105℃；PET 材质的熔点为 240℃，电容使用温度为 125℃。电解电容加热试验表明，80℃ 以下基本无变化，当升温至 120℃ 时，开始膨胀变大，继续加热，在 150℃ 左右时爆炸。

涤纶电容用在各种直流或中低频脉动电路中，适于作为旁路电容。容值范围一般为 470pF～4.7μF，额定电压范围为 63～630V。工作温度为 -55～125℃，温度系数一般为 (200～600)×10^{-6}。

陶瓷电容器中Ⅰ类瓷和Ⅱ类瓷的使用温度一般在$-55\sim125℃$之间。陶瓷电容器按温度稳定性可以分为两类，即Ⅰ类陶瓷电容器和Ⅱ类陶瓷电容器，按美国电子工业协会（EIA）标准，不同介质材料的MLCC（片式多层陶瓷电容器）按温度稳定性分成3类：超稳定级（Ⅰ类）的介质材料为COG（美国电子工业协会标准）或NPO（美国军用标准）；稳定级（Ⅱ类）的介质材料为X7R；能用级（Ⅲ类）的介质材料为Y5V。通常COG和NPO属于Ⅰ类陶瓷。NPO是一种常用的具有温度补偿特性的单片陶瓷电容器，它的温度系数非常平坦，适合用于振荡器、谐振器的槽路电容以及高频电路中的耦合电容。它的填充介质是由铷、钐和一些其他稀有氧化物组成的，属于电容量和介质损耗最稳定的电容器之一。在温度从$-55\sim125℃$时容量变化为$0\sim\pm30\times10^{-6}$（℃）$^{-1}$，电容的漂移或滞后小于$\pm0.5\%$，相对大于$\pm2\%$的薄膜电容来说是忽略不计的。电容器随封装形式不同，电容量和介质损耗随频率变化的特性也不同，大封装尺寸的要比小封装尺寸的频率特性好。

表3-8所示为电容的温度与容量误差编码。

表3-8 电容的温度与容量误差编码

低温/℃	高温/℃	容量变化/%
X：-55	4：65	A：±1.0
Y：-30	5：85	B：±1.5
Z：10	6：105	C：±2.2
	7：125	D：±3.3
	8：150	E：±4.7
	9：200	F：±7.5
		P：±10
		R：±15
		S：±22
		T：22/-33
		U：22/-56
		V：22/-82

X7R电容器被称为温度稳定型的陶瓷电容器。电气性能较稳定，随时间、温度、电压的变化，其特性变化不明显，适用于要求较高的耦合、旁路、滤波电路以及10MHz以下的频率场合。电容范围为$300pF\sim3.3\mu F$（$1.0\pm0.2V$ rms 1kHz），在$-55\sim125℃$时，它的容量变化为$\pm15\%$；Y5P与Y5V常用于容量为$150pF\sim2nF$的电容，温度范围比较宽，随着温度变化，电容容量变化范围为10%或者$22\%/-82\%$。Y5V电容器也是一种有一定温度限制的通用电容器，它的高介电常数允许在较小的物理尺寸下制造出高达$4.7\mu F$的电容器，工作温度范围为$-30\sim85℃$，温度特性为$22\%\sim-82\%$，介质损耗最大5%。Z5U电容器称为"通用"陶瓷单片电容器，具有小尺寸和低成本的特点。它的工作温度范围为$10\sim85℃$，温度特性为$22\%\sim-56\%$，介质损耗最大4%，基本被淘汰。

表3-9所示为近些年研究开发的系列耐高温电容。

表3-9 高温电容

耐受温度/℃	高温电容系列和特性
150	VJ X8R 系列：工作温度为-55~150℃，电容值为330pF~220nF，电压范围为25~100VDC
200	TH5系列：工作温度为-55~200℃，电容范围为4.7~100μF，误差为±10%、±20%，电压范围为5~24VDC
200	VJ HIFREQ HT Series 系列：工作温度为-55~200℃，电压范围为25~500VDC

3. 晶体管和IC芯片

硅的PN结耐高温极限值是175℃，但它的使用温度一般不应高于70℃，锗材料最高使用温度约75~85℃，一般不能超过60℃。结温越低，寿命和可靠性大大增加。实际高温环境应用中芯片的失效，往往是由打线、键合丝、封装的问题导致的，由半导体材料引起的失效非常少。由于Si工艺的兼容性，在打线、金属化、封装等方面更为成熟，薄片晶体管至少在220℃高温情况下依然能正常工作。所以，目前在25~250℃使用温度下Si基仍为很好的选择。典型硅器件和电路受高温影响，如表3-10所示。

表3-10 典型硅器件和电路受高温影响

类型		高温影响
PN结		恒定电流下，温度上升1℃，正向偏置电压下降约2mV
PN结		载流子迁移率下降
PN结		反偏泄漏电流、反偏电导呈指数增长
BJT		恒定电流下，温度上升1℃，正向偏置电压下降约2mV
BJT		迁移率随基区和收集区电阻率增加而下降
BJT		电流增益随温度而增加
BJT	TTL	噪声容限下降
BJT	TTL	提供电流能力下降
BJT	TTL	吸收电流能力增加
BJT	TTL	闭锁（结隔离工艺）
BJT	模拟电路	增益-带宽积下降

传统的分立元件组成的接口电路和信号调理单元在高温、振动等恶劣环境下性能急剧下降和不稳定，甚至根本无法使用。表3-11所示为几种典型三极管及模拟开关的温度适应范围。

表3-11 几种典型三极管及模拟开关的温度适应范围

三极管	ZTX450		-55~200℃
三极管	ZTX550		-55~200℃
模拟开关	DG212EUE	MAXIM	-40~85℃
模拟开关	DG202AK	MAXIM	55~125℃

传统 CMOS 工艺的集成电路，在高温下性能会随着器件本征参数的改变、泄漏电流的增加、阈值电压的不稳定和迁移率的降低而明显下降，甚至会发生闩锁效应，导致专用电路在温度超过 125℃ 时，性能发生明显下降，超过 175℃ 时则无法工作。

为了打破温度壁垒，许多国际公司着手开发高温 IC 芯片。

高温芯片的设计方法（表 3-12）有以下几种。

表 3-12 高温芯片设计方案对比

指标	传统方法	混合电路设计	HTASIC 设计方法
最高适用温度/℃	150	175	250
功耗	较大	中	最低
体积	较大	中	小
寿命	一般	较长	最长
工作可靠性	一般	较好	最好
开发费用	较便宜	较贵	贵
开发周期	较短	中等	很长

（1）传统方法：一般只是在设计和制造时，考虑到高温特性，依旧依照普通环境进行系统设计的方法，主要采用降温方法使得仪器长期恒定工作在 125℃ 以下。

（2）混合电路设计：同时在一块基体上应用现成集成芯片和薄厚膜技术，介于集成电路设计与传统方法之间。

（3）HTASIC 设计方法：即应用集成电路的方法，耐高温性能最好、集成度高、通用性差，HTASIC 设计方法功耗低、适用温度高、体积小、寿命长，唯一的缺点是开发设计费用高、周期长。

SOI CMOS 工艺提供了低泄漏、低噪声和高性能，是高温环境下模拟、混合信号和数字电子器件的理想选择。在高温下，半导体的主要限制是单个晶体管的泄漏电流，有两种主要的泄漏路径可以处理：漏极到源极的泄漏和漏极到体基底的泄漏。常规 CMOS 中有一个大面积漏到衬底的漏电流通道，而使用 SOI CMOS 消除了这种电流通路。SOI 单晶硅压力传感器技术的特点和好处：①高温 225℃ 持续工作，短期 300℃；②所有晶体管防氧化隔离；③高温下极低的静态功率；④更好的混合信号隔离，传感器精度和稳定性提高。

芯片封装材料的耐温能力也很关键，虽然亚德诺（ADI）公司已证明焊接在 195℃ 时仍然可靠，但受限于塑封材料的玻璃转化温度，塑料封装的额定最高工作温度仅为 175℃。除了额定 175℃ 产品，还有采用陶瓷 FLATPACK 封装的额定 210℃ 型号可用。

Kulite 公司提出了基于 SOI、SiC 及 GaN 材料的高温压力传感器专用集成电路，包括运放、电压基准、A/D 转换器和微处理器等电路模块，可应用于 175℃ 以上的工作环境。随着工艺技术的提高，硅基数字和模拟电路最高工作温度可达 250℃，其他半导体材料，如二硫化钼（MoS_2）、GaAs、GaP、SiC 等工作温度可望达 200～500℃，甚至更高。

目前，额定温度为 175℃ 的商用 IC 数量依然较少，但近年来这一数量正在增加，尤其是诸如信号调理和数据转换等核心功能器件。如耐高温模数转换器 Pul SARADC AD7981 额定温度为 175℃。耐高温、低功耗运算放大器 AD8634 提供额定温度为 175℃ 的 8 引脚

SOIC 封装和额定温度为 210℃ 的 8 引脚 FLATPACK 封装。基准电压源 ADR225 为功耗 2.5V 精密基准源，在 210℃ 时仅消耗最大 60μA 的静态电流，并具有典型值 40×10^{-6}（℃）$^{-1}$ 的超低漂移特性，因而非常适合用于该低功耗数据采集电路。该器件的初始精度为 ±0.4%，可在 3.3～16V 的宽电源范围内工作。

放大器是传感器专用集成电路的重要组成模块，实现放大器高温工作的工艺主要为体硅 CMOS 和 SOI CMOS 两种。耐高温电路的设计还存在一些技巧：零温度系数栅偏压、基片偏置反馈、恒定跨导偏置等。部分高温元器件的适用温度如表 3-13 所示。

表 3-13 部分高温元器件的适用温度

类型	元件型号	厂家	适用工作温度/℃
运算放大器	OPA820-HT	TEXAS INSTRUMENTS	－55～210
运算放大器	OPA2333-HT	TEXAS INSTRUMENTS	－55～210
运算放大器	OPA211-HT	TEXAS INSTRUMENTS	－55～210
运算放大器	HTOP01	Honeywell	－55～225
仪用放大器	INA128-HT	TEXAS INSTRUMENTS	－55～210
仪用放大器	INA129-HT	TEXAS INSTRUMENTS	－55～210
仪用放大器	AD8229	Analog Devices, Inc.	－40～210

4. 高温电池

井下用电池，关键在于如何满足井下高温环境的要求，确保电池安全可靠地工作。

为了满足高温的要求，应考虑以下几个因素。

(1) 电池内容物的热力学特性。

(2) 电池壳体的力学性能。

(3) 适应于高温环境的安全设计（抗短路、抗反极、抗充电、抗冲击、抗振动等）。

(4) 适应于高温环境下的电性能设计（正负极活性物质比、电极厚度的选择、添加剂的选择等）。

高温电池，一般可分为 100℃、125℃、150℃、175℃ 和 200℃ 及其以上环境下使用 5 个级别。目前大量使用的一次性高温电池所采用的电化学体系为锂/亚硫酰氯和锂/硫酰氯（氯）两种。这是因为在目前所有电化学体系中，这两种体系的比能量最高、使用温度范围最广、储存时间最长、工作电压最高。据调研，小于或等于 100℃ 使用的电池，不需要特殊设计，一般市面上的电池经适当改进即可使用；小于或等于 125℃ 使用的电池，只要在常规电池生产工艺基础上作适当调整和控制，就可生产出合格产品；150℃ 和 175℃ 使用的电池，则需要特殊设计；180℃ 和 200℃ 以上使用的电池，因为锂的熔点为 180.5℃，已不适用于做负极，此种电池须采用锂合金为负极。由于国内的需求并不强烈，加之这种合金生产需安全保护措施投入较高，故尚未开展此项工作。

近年来，石油勘探开采快速发展，电子技术大量运用于石油仪器设备中，对与之配套的特种电池技术要求越来越高，需求越来越大。由于高温锂电池原来仅有美国、加拿大等少数国家可以生产，我国主要依靠进口，进口电池价格昂贵、供货周期长、占压资金多，已不适应石油工业的快速发展。国内东营诺瑞克电池有限公司研究和生产高温锂电池。

5. 高温电路板和焊料

针对高温电路，应当采用特殊电路材料和装配技术来确保可靠性。PCB 板材料在高温下，不但产生软化、变形、熔融等现象，同时机械、电气性能急剧下降，当温度升高到某一区域时，印制电路板基板将由"玻璃态"转变为"橡胶态"，此时的温度称为基板的玻璃化温度（TG），即 TG 是基材保持刚性的最高温度。基板 TG 温度一般为 130℃ 以上，中等的 150℃，高 TG 一般大于 170℃。FR4 是 PCB 叠层常用的材料，但商用 FR4 的典型玻璃转化温度约为 140℃。当超过 140℃ 时，PCB 便开始破裂、分层，使上部元器件应力失效。

高温装配广泛使用的替代材料是聚酰亚胺，它的典型玻璃转化温度大于 240℃，TG280 高温电路板的材料是聚酰亚胺玻纤布覆铜板，该板具有优良的高频介电性能（介电 4.0），耐高温性及优异的抗辐射性能，最高耐温 280℃，在 260℃ 环境下长期稳定运行，不分层也不起泡。TG170 和 TG280 基材可制作 1~8 层多层板，板厚 1.0~3.0mm，最小孔径 0.3mm，最小线宽/线间距为 5mil（1mil＝0.025 4mm），表面可采用化学沉金、有铅/无铅喷锡，生产周期一般为 8 d。如某公司的聚酰亚胺材料，耐高温达 280℃ 以上，长期使用温度范围－200~265℃，无明显熔点，高绝缘性能，属 F~H 级绝缘材料。

氧化铝陶瓷电路板使用温度能达 350℃，为高温电路的开发奠定了基础。国内生产公司有富力天晟科技（武汉）有限公司、众成三维电子（武汉）有限公司等公司。激光快速活化金属化技术（laser activation metallization，简称 LAM 技术）生产，电路板铜层 $1\mu m$~1mm 可调。其中用纯铜代替银浆可以解决孔的导电和结合力问题，无需开模。

PCB 常常采用镍金表面处理，其中镍提供一个壁垒，金则为接头焊接提供一个良好的表面。焊锡是电路焊接的基础材料。高温电路需采用高温焊锡产品。各产品的熔点是根据合金组成的不同而不一样的。常用焊料熔点：Sn63Pb37 为 183℃，Pb60In40 为 205℃，Pb88Sn10Ag2 为 267℃，Au80Sn20 为 280℃，Au88Ge12 为 356℃，Au96.7Si3.24 为 363℃。

以 95Pb-5Sn、90Pb-10Sn 及 95.5Pb-2Sn-2.5Ag 等为代表的高铅钎料在微电子封装的高温领域应用广泛。高铅钎料不但为高温环境微电子元器件提供了稳固而可靠的连接，它也是极为重要的互连材料，常常作为电子元器件的一级封装、半导体芯片的黏结材料。鉴于目前无法找到合适的替代材料，相关法规对微电子行业中特定用途高铅钎料的使用给予暂时豁免。因此，发展替代高铅钎料的新型无铅钎料及其他无铅互连工艺已成为业界的迫切需要。

高温电路应当使用高熔点焊料，熔点与系统最高工作温度之间应有合适的裕量。例如选择 SAC305 无铅焊料，熔点为 217℃，相对于 175℃ 的最高工作温度有 42℃ 的裕量。高温钎料的固相线一般应高于 260℃，液相线应低于 400℃，高分子聚合物电路板在 400℃ 以上会发生玻璃态转变，而且可能导致钎焊结构在冷却过程中产生较高的内应力，进而影响它的可靠性。此外，钎焊温度较高时对相应设备也会提出更高的要求。

6. 高温传感器

高温传感器以压力传感器应用居多。压力传感器中，压阻式传感器因为其扩散硅的应变电桥是自然的 PN 结隔离，当工作温度超过 120℃，应变电阻与衬底间的 PN 结漏电加剧，并且本征激发导致 PN 结失效，使传感器特性严重恶化以致失效，因而不能在较高温度环境下进行压力测量，一般只能用在 80℃ 以下，最高不超过 120℃。压力传感器的性能在 20 世纪 90 年代已有较大的提高。一些压力传感器的工作温度可以达到－50~300℃。目前已经研制出 SOS（silicon on sapphire）蓝宝石上硅压力传感器、多晶硅压力传感器、SOI 单晶硅压力传感器、SiC 压力传感器、石英压力传感器、溅射合金薄膜压力传感器等。

SOS 高温压力传感器是一种宽频响应的固态压力传感器，非线性小，具有耐腐蚀、耐高温、抗辐射、量程大等特点，由于采用了介质隔离，它的最高工作温度可达到 350℃，目前中国电子科技集团公司第四十九研究所研制出量程分别为 60MPa 和 100MPa 的 SOS 压力传感器，工作温度范围为 $-50\sim350$℃，满量程输出不小于 100mV，精度优于 0.1%，迟滞与重复性均优于 0.05%FS。

SOI 单晶硅高温压力传感器的 SOI 结构中，以衬底硅作为机械支撑，表面单晶硅用于制造器件，中间绝缘层 SiO_2 既可以作为腐蚀停止层，也可以作为力敏电阻的介质隔离层。厦门大学冯勇建等（2000）采用 SOI 硅片和硅/硅键合技术制作出 MEMS 高温接触式电容压力传感器，在小于 250kPa 的室温下灵敏度为 0.54mV/kPa，在 400℃ 时灵敏度为 0.41mV/kPa，零点漂移为 0.1mV/℃，可在低于 450℃ 的条件下正常工作。西安交通大学采用先进的 SIMOX 技术成功研制出 SOI 耐高温微压力传感器，能在 $-30\sim250$℃ 环境下完成 1000MPa 以下任意量程范围的压力测量，能承受 2000℃ 瞬时高温冲击。中国电子科技集团公司第五十八研究所开发出高温 SOI CMOS 工艺高温压力传感器 ASIC SN8958A。

目前，美国 Kulite 公司采用 BESOI 技术已开发出超高温的压力传感器，如 XTEH-10LAC-190（M）系列，工作温度为 $-55\sim482$℃。

利用 SiC 工艺可制造 450℃ 工作条件下的集成电路，如果优化互联工艺，SiC 工艺的电路可以实现在 600℃ 高温下工作。由半导体理论可知，高宽禁带半导体材料在高温下对本征载流子影响小，可使半导体器件受温度影响小，因此，宽禁带半导体材料的研究也是解决集成电路高温工作的方法之一。

德国柏林技术大学采用 UNIBONDSOI 基片经 ICP 刻蚀开发了 3C-SiC 压力传感器，量程 p 为 1MPa，最大工作温度大于 400℃。美国 Kulite 传感器公司的新一代产品 6H-SiC 高温压力传感器，可在 500℃ 条件下工作。6H-SiC 基片具有相当于 Si 的 2.6 倍的带隙宽度、10 倍的击穿电场强度、2 倍的电子迁移速率，因此，SiC 是一种具有更优越的高温特性的基片材料，非常适合于制作高温集成电路。但要获得高性能易于集成的 MOSFET 还需克服 SiC/SiO_2 界面态的问题，相关 SiC/SiO_2 界面态的特性和模型的研究工作仍在进行。

由于金刚石的高导热性和电绝缘特点，金刚石薄膜高温压力传感器是一个发展方向。美国、德国、日本是从事金刚石薄膜压力传感器研究的主要国家，美国国家航空航天局已有金刚石膜压力传感器在航空飞机、导弹上试用的报道，德国研制了金刚石膜压力感器样件，可在 300℃ 环境下工作。表 3-14 所示为典型高温压力传感器技术指标。

光纤传感技术是伴随光纤通信技术的发展而迅速发展起来的新型传感技术，是近年来信号传输和新型传感技术的亮点。普通的光纤传感器，在 250℃ 时会发生光波反射的衰减，使用条件大大受限，而在实际应用中很多时候都需要进行高温条件下的物理量测定，所以人们开始了高温光纤传感器的研究。

光纤呈圆柱形，它由 SiO_2 玻璃纤维芯（纤芯）、玻璃包皮（包层）和外保护层组成。光纤既可以作为信号传输媒介，也可以作为传感单元。如今，光纤传感器已能够进行多种井下参数（压力、温度、多相流）的监测、声波监测、激光光纤核测井等，在石油测井中得到了广泛的应用。

目前国内外提出的光纤高温传感器主要包括耐高温材料光纤高温传感器、分布式光纤高温传感器、高温光纤布拉格光栅（fiber bragg grating，FBG）传感器、高温 F-P 腔传感器等不同形式的光纤高温传感器。目前主流的光纤高温传感器主要有法布利-比罗特（简称 F-P）、布拉格光栅和荧光式光纤传感器 3 种，因为它们都是基于光纤，所以有很多共同的特点，比如抗电磁干扰可应用于恶劣环境（没有加入电磁过程）、传输距离长（光纤中光衰减慢）、使用寿命长、结构小巧等。如中天电力光缆有限公司的传感 DOSC，外径 4mm，耐压 70～207MPa，耐受温度 300℃。

表 3-14 典型高温压力传感器技术指标

类型	温度范围/℃	备注	厂家
压力传感器	−50～200，最高耐受 450	钛/硅-蓝宝石传感器抗腐蚀。可 400MPa，0.25％精度，MIDA-TG/TA-88-4/7 高温型（5V 供电）	北京东方新动力机电设备有限公司 北京俄华通仪表技术有限公司
	10～300	发动机专用型高温蓝宝石压力传感器	
	250	PPM-S314A，5VDC 供电（3～12VDC），0～10mV、0～25 mV 输出，φ14 直径，φ10.2 双环密封标准和进口设备互换性强。最高耐温：250℃，准确度最高 0.08％FS，量程：0～120MPa	长沙钛合电子设备有限公司
	232	HEM-312（M）系列，量程为 0～137.9MPa	Kulite
	218	Paine 310-38-520 系列，温度为−40～218℃，量程为 0～241MPa	EMERSON
	260	Paine 211-50-070 系列，温度为+23～260℃，量程为 0～206MPa	EMERSON
	316	Paine 211-55-010 系列，温度为−40～316℃，压力为 0～206MPa	EMERSON

光纤测温原理：在光纤中注入一定能量和宽度的光脉冲时，激光在光纤中向前传播的同时，自发产生拉曼散射光波，拉曼散射光波的强度受所在光纤散射点的温度影响而有所改变，通过获取沿光纤散射回来的背向拉曼光波，可以解调出光纤散射点的温度变化。同时，根据光纤中光波的传输速度与时间的物理关系，可以对温度信息点进行定位（OTDR）。由于背向拉曼散射光波的强度非常弱，因此，需要采用先进的高频信号采集技术和微弱信号处理技术，经过光学滤波、光电转换、放大、模数转换后，送入信号处理器，解调出光纤各测点的温度值；然后，将采集的温度传送到计算机系统进行数据处理，通过组态软件展示各测点的温度值和变化状态。另外，通过计算机网络可以实现远程数据共享。

现在常用的高温测温光纤传感器依据的是黑体辐射原理。根据黑体辐射原理，物质受热时会发出一定的热辐射，辐射量的大小与该物质的温度和材料的辐射系数有关。当温度为 230℃时，理想黑体开始出现暗红色辐射，亮度随着温度的增加而增强。用于高温测量的黑体辐射式光纤传感器主要由高温蓝宝石光纤、传送待测黑体辐射功率的低温光纤及数据处理与显示系统组成。其中黑体腔安装在高温光纤顶端，是整个传感器的信号源。当黑体腔与待测高温区热平衡时，黑体腔就按照普朗克黑体辐射定律发射与待测温度 T 相对应的电磁辐射，进入光纤的光通量为：

$$\phi(\lambda,T)=\frac{a\varepsilon C_1}{\lambda^5[\exp(C_2/\lambda T)-1]} \tag{3-32}$$

式中，λ 为辐射光波长；T 为热力学温度；a 为蓝宝石高温光纤截面积；$C_1=3.74183\times10^{-16}$（W·m²），为第一辐射常数；$C_2=1.43879\times10^{-2}$（m·K），为第二辐射常数。当波长 λ 一定时，$\phi(\lambda,T)$ 随着温度 T 单调递增，通过检测光通量便可检测出温度 T。

由于物体的热辐射随温度的升高呈近指数型增长，因此，辐射型光纤温度传感器在高温下具有很高的灵敏度。采用黑体腔、光纤传感探头研制成的辐射型光纤高温传感器，具有抗氧化、抗电磁干扰、耐腐蚀、可远距离传输、价格低廉等优点。

光纤高温压力传感器方面，将光纤转换为压力传感器的方式有多种，目前使用的两种是高温光纤布拉格光栅和高温法珀（fabryperot）干扰测量技术。高温布拉格光栅在应变测试中的应变传感机理如下。

当光纤光栅所处的温度场稳定不变时，光纤高温传感器上的光纤光栅的波长和栅距会随着产生在光纤光栅上的应变发生变化，从而引起布拉格中心波长的变化，对应关系为：

$$\frac{\Delta\lambda_B}{\lambda_B}=(1-\mathrm{Pe})\varepsilon \tag{3-33}$$

式中，λ_B 为光纤光栅中心波长；$\Delta\lambda_B$ 为波长变换量；Pe 为弹光系数，它是一个常数；ε 为应变。由此可以得知，测量光纤光栅中心波长的变化量即可得到被测物体产生的应变值。

一般来说，光纤光栅上允许张力为 1% 应变，此时光纤光栅的二阶应变灵敏度所引起的误差一般不超过 0.5%，可以忽略不计，所以光纤布拉格光栅波长与应变有较好的线性关系。但是当光纤光栅上施加的张力超过 5% 应变时，二阶应变灵敏度将引起 2.3% 的误差，不能忽略。因此，用光纤布拉格光栅进行大应变测量时，要考虑二阶应变灵敏度的影响。

Pulliam 等（2002）开发了基于碳化硅-蓝宝石波导的光纤压力传感器，可在 1000℃ 的环境中工作，大连理工大学于清旭等（2002）开发了用于高温蒸汽注入式油井测量的光纤温度和压力传感器系统，在 0~20MPa 的压力变化范围内，对温度测量的影响小于 0.2%，在 20~300℃ 范围内，对压力测量的影响小于 1%。2003 年英国的研究学者用 980nm 激光泵浦掺 Er 的 Sn-Ge-Si 光纤，利用温度与荧光峰值功率比率的关系和光纤光栅的双重性功能，研制出了一种可以同时测量应变和大范围变化的光纤高温传感器。

分布式传感是光纤光栅传感技术之中的一种实用技术，它利用光纤布拉格光栅中心反射波长值的不同来识别网络中各点的变化状况，不仅实现了大范围测量场内分布信息的提取，还解决了目前测量领域的许多难题，成为国内外的研究热点之一。分布式光纤传感器的测温可实现检测点连续，光纤本身即为温度传感器，防燃、防爆、防腐蚀、本质安全；抗干扰性能强，无击穿、烧毁等问题。可以全面、实时检测被监测对象各点的温度，监测范围大；既可测线，亦可测点，容易实现各种工况的实时在线监测和预警。与其他形式的传感器相比，分布式光纤光栅传感器具有以下不可替代的突出优点：①抗腐蚀、抗电磁干扰，并能在恶劣的化学环境下工作；②传感头尺寸小（标准裸光纤为 125μm）、结构简单且质轻，因此具有良好的可掩埋性；③耐温性能好（工作温度可达 400~600℃）；④可形成各种光纤光栅传感网络，不仅可实现大面积的多点测量，还可实现较强能力的复用；⑤可对多项参数进行同时测量；⑥潜在的低成本；⑦传输距离远（长达几千米）；⑧测量结果具有很好的重复性。分布式光纤传感器可分为完全分布式光纤传感器和准分布式光纤传感器两种。完全分布式光纤传感器是利用一根光纤实现对整个测量场的测量，并同时获得被测量随空间和时间变化的分布信息，它的光纤不仅能传输信号，还是敏感元件；而准分布式光纤传感器是将多个点式传感器组合起来从而实现测量场的分布式测量，它的光纤仅能传输信号，不作为敏感元件。

对于光纤分布式温度传感器系统，英国 Sensa 公司、Smart Fibres 公司等均有一系列产品问世，而且与各大石油公司合作，前者积极探索光纤分布式温度传感器在石油井下的应用，后者致力于布拉格光栅传感器在石油井下参数的监测；另外像美国 CIDRA 公司和 Halliburton 公司也一直在研究光纤温度传感器，目前它的温度传感器测量范围0~175℃，误差±1℃，分辨率0.1℃。哈里伯顿能源服务公司光纤温度测量距离2~10km，误差±0.5℃，垂直分辨率0.2~1m。Well Dynamics 公司的 Smart Well 智能井系统的永久型井下传感系统采用的是分布式单模光纤传感器，应用范围十分广泛，可用于井下高温和恶劣环境，井下高温和恶劣环境可导致多模光纤的碳质涂层氢化变黑，但对它的单模光纤的影响则可以减少到忽略不计的水平。2007年9月，加拿大壳牌石油公司在 Alberta、Canada、Orion Field 等地的18口井中使用该系统来监测温度变化，它的平均使用温度是240℃，结果证明到目前为止没有温度漂移。

威德福公司的光学多相流量计采用布拉格光栅和光学多路传输技术，并结合了声呐解释算法。该流量计是全光学的，无插入件，具有高度的测量精度和可靠性。

Quant X 井眼仪表公司开发出一种适用于高温和强振动恶劣井下环境中的永久电子测量系统 Well GUARD，用于井眼温度和压力的永久监测，它的技术规范要求能在175℃、140MPa 的井下环境中至少连续工作5年。

我国在20世纪70年代末就开始了光纤传感器的研究，起步时间与国际相差不远。我国的研究水平与国际还有不小的差距，主要表现在商品化和产业化方面，大多数品种仍处于初级阶段，不能投入批量生产和工程化应用，远远满足不了市场需求。目前已有上百个单位和研究机构在这一领域开展工作，如清华大学、华中科技大学、武汉理工大学、重庆大学、中国核工业总公司九院、电子工业部1426所等。这些单位和研究机构在光纤温度传感器、压力计、流量计、液位计、电流计、位移计等领域取得了上百项科研成果，其中相当数量的研究成果具有很高的实用价值。

近几年，国内有许多油田和科研单位进行了光纤传感器方面的试验研究，也取得了一些成果，新一代油气井光纤监控系统使用了布拉格光栅传感器，它具有不受电磁干扰、比较稳定、耐高温等特点。但由于光纤光栅的温度-压力交叉敏感性不能长期耐受高温环境，使得它在高温、高压油井中长期可靠的应用受到限制，高成本也限制了它的进一步发展。

目前我国自主设计的地震观测传感器使用温度多在80℃以下。国际上现有的高温地震传感器均基于光纤式或光栅式设计，包括：①SONDIA 公司研制的超级三分向地震仪；该地震仪应用于我国的东海 CCSD 深井数字地球物理观测研究系统中，井深4815m，环境温度达135℃（徐纪人，赵志新，2009）；②东京大学于2005年研制的光纤式三分向宽频带加速度地震仪，适用温度可达到300℃；③美国 Weatherford 公司研制的基于光栅干涉仪的地震检波器的井下 VSP 系统，适用温度为175℃。

7. 高温井下轨迹参量测量用传感器

在顶角（井斜角）测试方面，由于尺寸小，井下多采用加速度计原理来测量顶角，如某单轴加速度传感器量程±30g，阈值10^{-5}g；尺寸为$\phi 18.2mm \times 15.5mm$。《数字强震动加速度仪》（DB/T 10—2001）中规定了加速度传感器的技术指标，如表3-15所示。该类传感器采用力平衡原理，被广泛地应用于强震观测、低频和超低频工程振动测量领域，在静态条件下测量通过矢量合成可获得顶角，依此用于钻探测斜。

表3-15 加速度传感器规范中的主要技术指标

项目	技术指标示例
灵敏度	±1.25V/g（标称值）或±2.5V/g等
动态范围	≥120dB
满量程输出	±2.5V或±5V
频率响应	0～50Hz，相位呈线性变化
零点漂移	<500μg/℃
运行环境温度	0～150℃

高温态顶角测量加速度计目前温度工作范围有－40～135℃、－40～160℃和－40～185℃等多种。亚德诺半导体技术（上海）有限公司的硅加速度传感器ADXL206，工作温度为40～175℃，在175℃至少工作1000h。

美国恩德福克（Endevco）公司最近生产了一种2285型加速度传感器。这种加速度传感器工作温度可达760℃，用于现代化飞机在喷气发动过程中的振动监控，也可用于其他高温地方，如核反应堆进行类似的测量。元件采用的压电晶体，线性度为2.5%，频率范围为5～10 000Hz，该传感器的灵敏度为2.5pC/g，质量为20g。

在陀螺仪方面，高温陀螺仪一般需要定制且受到用途限制。温度范围一般有150℃、175℃和185℃等多种。如某高温陀螺仪为1轴或2轴，采用RS422接口数字输出，频率范围为5～2000Hz，耐振动12Grms，在连续高温条件下寿命为300h左右，尺寸为H25×D29.4（传感元件）。ADI公司的ADXRS645高性能角速率传感器，适用于高温环境175℃（1000h），工作温度范围为－40～175℃，具有出色的防震性能，可在宽频率范围内提供高振动抑制特性，具有抗冲击能力强（10 000g）和寿命长的特点。

基于以上器件开发了不同的测斜仪和定向仪。青岛智腾微电子有限公司开发了0～175℃的定向仪。仪器采用三轴磁通门和三轴加速度。供电电压10～36VDC，可测振动。测量倾斜角精度±0.1°、方位角精度±0.3°、工具面角精度±0.1°。强振动环境16g峰峰值（10～300Hz）条件下精确测量；抗冲击1000g，振动20Grms，数据化数字传输。尺寸$\phi 31mm \times 384mm$。北京科莱天地科技开发有限公司开发的175℃定向探管，耐受温度185℃，泥浆脉冲短接，直径47mm，长度1.16m。北京六合伟业科技股份有限公司开发的高温电子单点测斜仪，在隔热套（保温杜瓦）条件下，260℃可连续工作3h，直径45mm（LHE3301），耐压150MPa。开发的定向仪器工作温度0～175℃、井斜角（0°～180°）±0.1°、方位角（0°～360°）±0.5°（井斜90°）、方位角（0°～360°）±0.75°（井斜10°）、方位角（0°～360°）±1.0°（井斜5°）、工具面角（0°～360°）±0.5°，工作电压20～30V。

8. 高温随钻测量技术

我国目前的随钻测量技术尚处于普通的随钻测井仪器工作温度阶段，极限（钻井循环温度）大多处于150℃。国内外科研机构在研究高温高压部分的随钻温度检测，极限也不过是175℃。超过175℃钻井环境中一般采用"盲打"，无法准确测试地层参数，给钻探带来极大风险。

目前国内的技术，从185℃的MWD测控系统、185℃脉冲器及驱动系统，到185℃高温电池，都是空白状态。在井下温度达到200℃时，井底发电机供电时电源额定输出功率降低达60%（以室温20℃为基准）。电池供电时，200℃锂电池电源最大容量减少到10A·h以下，最大工作电流降到68mA以下，仅相当于普通电池容量的1/3（以150℃为基准）。驱动电机及电磁铁的输出功率，同样在200℃环境下降幅达60%以上。这极大地限制了MWD系统的功耗范围。

国外在200℃超高温随钻测井仪器俱乐部中，比较突出的是哈里伯顿的Quasar Trio系列和斯伦贝谢的TeleScope ICE系列，能够达到耐温200℃。但是产品价格十分昂贵。

2016年获得"世界石油最佳钻井技术奖"的哈里伯顿的Quasar Trio系列，包括实时传输脉冲器、定向传感器、伽马、方位探边电阻率、密度、中子孔隙度、环空压力及井下震动监测。另外斯伦贝谢的TeleScope ICE系列，包括实时传输脉冲、定向传感器、伽马、环空压力及井下震动监测，也能够达到耐温200℃。

四大油服的技术，除斯伦贝谢2017年宣布的ICE系列，从200℃的MWD测控系统、200℃脉冲器及驱动系统，到200℃高温电池，在实际的大规模商业应用上，也都处于空白状态。

贝克休斯作为第一家发明MWD的公司，从1997年开始投入研发200℃的MWD，其工具基本是150℃指标。目前国内6000m以上超深井钻探施工的高温仪器服务主要由斯伦贝谢和APS两家垄断。表3-16为国外随钻测量（MWD）高温仪器技术参数。

表3-16 国外随钻测量（MWD）高温仪器技术参数

厂家	型号	脉冲器类别	脉冲器直径	仪器外径	适配无磁钻具	钻具内径	工作温度/℃	耐压指标/MPa	实际使用温度记录/℃	电源	连续工作时间/h	平均功耗/W·h
斯伦贝谢	Slimpuls	旋转阀式正脉冲	60	44.4	104.8/88.9	57	175	140	165	2×25A·h×28V锂电	200	>7
APS	SureShot	旋转阀式正脉冲	64	47.6	104.8	64	175	140	165	2×25A·h×36V锂电	200	>9

随着半导体技术的快速发展，传感器及井下计算机的耐温指标在未来3~5年内一定会突破230℃大关。目前霍尼韦尔公司已研制出耐温230℃的CPU（寿命达6000h以上），230℃ mini型石英加速度计（寿命1000h）。英国巴庭顿（Bartington）公司和一家加拿大公司均开发出耐温250℃（寿命5000h）以上的磁通门传感器，使230℃的高温仪器实现成为可能。

Sperry-Sun公司研发的Solar 175 TM高温测量仪器，使用正脉冲泥浆压力信号传输方式，通过内置涡轮发电机为井下的测量仪器供电，可以胜任在175℃、150MPa的恶劣条件下完成测量工作；Precision Drilling Computalog公司研发的HEL MWD系统，最高可以在221MPa、195℃的高温高压条件下稳定工作，并且在美国和意大利的大型油田上试验成功。

在电池供电无法突破200℃的极限情况下，MWD系统超低功耗的突破使井下涡轮发电机重新回归MWD有了前提条件。涡轮定子/转子直径小于50mm，涡轮发电机在250℃极限温度下能提供10W的输出功率就能使小径MWD系统耐温指标达到230℃以上。表3-17为国外随钻测井（LWD）现状对比。

表3-17　国外随钻测井（LWD）现状对比

勘探目标深度		4500m	6000m	10 000m
技术指标		150℃、138MPa	175℃、172MPa	220℃、240MPa
随钻地质导向	方位伽马成像	有	有	无
	方位电磁波成像	有	有	无
	方位声波成像	有	无	无
	随钻地震	有	无	无
随钻储层评价	中子、密度	有	无	无
	能谱伽马	有	无	无
	电成像	有	无	无
	地层测试	有	无	无
	核磁共振	有	无	无

基于以上条件，耐温指标在200℃以上高温超低功耗脉冲器（含控制电路）、小径高温涡轮发电机、高温井下计算机，成为未来高温MWD系统的标准配置。

冷却技术在设计制造耐高温仪器中得到了应用，比如冷却板、隔热封装及制冷剂技术等。冷却板技术使用了金属片散热板，使得在传感器和电子部件内部传输电流时产生的热量能及时耗散。隔热封装技术是把电子部件封装进特制的囊腔，内部再抽成真空或者只冲入微量低密度惰性气体。这项措施的主要目的是减少从高温环境中传导到传感器的热量。制冷剂技术也得到了广泛应用，冷剂相变吸热降温，冷却和降低传感器周边微环境温度，从而扩大了传感器能承受的外部环境温度范围。另外一项重要的发展是金属间密封技术，使得在高温环境中钻井液和地层流体被隔绝到电子部件腔体之外。

半导体制冷技术是近几年发展起来的温差制冷技术。温差制冷片是由半导体所组成的一种冷却装置，通电后，一面吸热，另一面散热，温差范围从-130～90℃都可以实现。它体积小，不需要任何制冷剂，可连续工作，没有旋转部件，不会产生回转效应，没有滑动部件是一种固体片件，工作时没有震动、噪声，使用寿命长，安装容易。通过输入电流的控制，可实现高精度的温度控制，再加上温度检测和控制手段，很容易实现遥控、程控、计算机控制，便于组成自动控制系统。图3-65所示为高温测量舱实物

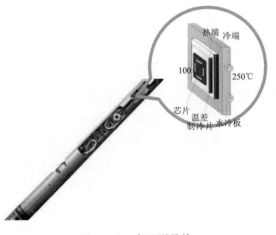

图3-65　高温测量舱

示意图。

  基于温差制冷技术，将温差制冷片的冷端附着在高温芯片上，通过两级制冷片串联，第一级为 Bi2Te3 制冷片，它的特点为温差大，耐热极限略低，为 200℃；第二级为 PbTe 制冷片，它的特点为耐热效果好，为 300℃，但温差略小。第二级制冷片的热端使用水冷等散热方式把热量带走，以达到良好的降温效果。结合 PID 控制器，形成高温测量舱。在外界 250℃ 的高温下，通过控制制冷片的电流大小，将内外温差保持在 150℃（$\Delta T=150℃$），使得内部芯片温度为 100℃，从而实现了高温作业下电子器件降温的目的，使得芯片工作可靠性增高。高温测量舱中，制冷片和控制器的电源依靠钻具自带的泥浆发电机提供，水冷板的冷却通过泥浆循环带走实现冷却。

第四章　工程案例与应用分析

第一节　松科 2 井高温检测技术

松科 2 井是亚洲国家组织实施的最深大陆科学钻井。该井布置在松辽盆地东南断陷区徐家围子断陷带宋站鼻状构造上，是由中国地质调查局组织实施，国际大陆科学钻探计划（ICDP）给予一定支持的全球第一口钻穿白垩纪陆相沉积地层的大陆科学钻探井。设计井深 6400m，完井深度 7018m（胡郁乐等，2019）。此地区的地层温度高，根据邻井地层资料测算，平均地温梯度为 4℃/100m，预测钻达井底时候，温度可能高达 250℃以上。松科 2 井的实施，为我国今后的高温钻井工程的实施提供了技术支撑，松科 2 井完钻后 38h 测井温度为 241℃，创造了我国钻井工程最高温水基泥浆的应用纪录。松科 2 井井内参数测试主要采用两种方法，一种是综合物探测井，根据项目进程在下套管前进行通井和综合测井；另一种是不影响正常钻进工作，随钻进行井下参数测试。由于受仪器井下工作时间及供电方式的限制，井下随钻测试技术存在着更大的挑战性。

一、难点问题和国内外现状

对松科 2 井而言，随钻井下参数测试非常重要，因为井内高温会引起多组分泥浆性能的高温蜕变和钻具工作性能的衰退等，对钻进效率和钻井安全至关重要。及时掌握井下随钻温度等信息，对高温泥浆性能的现场调整和动力机具应用起着关键性的支撑作用。因此，设计一套随钻测温仪器对井底的温度进行检测显得十分必要。

深部钻探高温地层一直是钻井和随钻测井行业的能力极限（胡郁乐等，2019）。在过去几年中，全球范围内越来越多的高温高压地层被勘探开发。随着深井和超深井数量的增多，对高温高压随钻测井工具的需求也呈逐渐上升的趋势。根据石油工程师协会（SPE）的划分，温度低于 150℃、压力低于 69MPa 的地层为常规地层；温度 150～175℃、压力 69～103MPa 的地层为高温高压地层；温度 175～200℃、压力 103～138MPa 的地层为超高温高压地层；温度大于 200℃、压力大于 138MPa 的地层划分为极高温高压地层。按该分类方法，松科 2 井属于极高温地层，随钻测温仪器工作指标必须满足极高温测试要求。

我国目前的随钻测量技术的作业地层主要处于常规地层，普通的随钻测井仪器工作温度极限（钻井循环温度）是 150℃。国内科研机构在研究高温高压部分的随钻温度检测，极限也不过是 175℃。如大庆赛恩思电子仪器设备有限公司的 SEI 系列存储式温度测试仪（0～150℃）、西安石油大学研制的高温大容量井下储存式温度测试仪（0～125℃）、大庆油田研制的 ϕ214 螺扶型井底温度测量仪（0～150℃）都是常规作业 150℃以下的产品，西安斯坦仪器股份有限公司研制的 YL 系列温度测试仪能够做到 175℃，但是也不能在 175℃下长时间稳定工作。

国外在 200℃超高温随钻测井仪器俱乐部中，比较突出的是 2016 年获得"世界石油最佳钻井技术奖"的哈里伯顿的 Quasar Trio 系列和斯伦贝谢的 TeleScope ICE 相关仪器，能够达到耐温 200℃，美国的东南部和北海等地是其主要市场。在 2000 年 6 月的高温电子会议中，预计对高温电子类工具的市场需求每年在 1 亿～3 亿美元。为了应对市场的需求，2003 年美国能源部国家能源技术实验室投资赞助了 Deep Trek 项目，先后投资 24 亿多美元用于推进该项技术的发展，该项目由霍尼韦尔公司来主导，由 Joint Industrial Participation (JIP) 的商业伙伴：BP、Baker Hughes、Goodrich Aerospace、Halliburton、Honeywell、IntelliServ、Quartzdyne 和 Schlumberger 等来共同开发，旨在开发研制能在高温环境中（>250℃）使用的各种集成电路（IC）的制造方法、材料、设计工具等，以实现能合适井底冲击和振动环境的电子器件的封装。Analog Devices，Inc.、VORAGO 和 PETROMAR 三家公司联合研制的 EV-HT-200CDAQ1 高温数据采集和处理平台，所有芯片和电路材料耐温至少为 200℃。德州仪器研制了承受高达 210℃ 的极端工作温度的高温评估模块 HEAT-EVM。虽然霍尼韦尔的存储芯片、运算放大器、模数转换芯片等可以耐温 225℃，但目前高温单片机芯片最高耐温只有 210℃，所以从芯片能力上，单是检测温度这一个参数最高只能达到 210℃。而适用于随钻的检测顶角等其他参数的传感器远没有达到 200℃ 的高温要求。因此，解决高温检测技术问题，研发出高温芯片和传感器，还有很长的路要走。

国外随钻测井产品价格十分昂贵，国内石油勘探和地质岩心钻探根本无法承受这种经济压力，而国内产品又满足不了深部钻探超高温高压的性能需求。松科 2 井的实施首先为极高温随钻温度测试提出了目标要求，也为我国深部高温地层钻探提供了技术尝试和应用支撑。

二、任务目标和总体设计

依托松科 2 井，一种地质勘查高温井内温度检测、采集、存储，地面回放分析井内温度的探测装置被研究开发。最终目标是完成 250℃ 井底温度的随钻测试。该探测装置技术指标如下：温度测试范围 20～250℃，精度 0.5%，动态响应时间 20s，耐压密封达 100MPa。

主要研究内容如下。

(1) 针对松科 2 井工艺特点，研究多工艺配套的随钻测温系统。在不影响钻井安全和钻井进度的条件下设计随钻测试的多工艺配套方式，如图 4-1 所示。

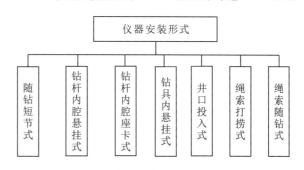

图 4-1 随钻测温仪的多工艺配套方式

随钻短节式主要解决仪器在不同井深段的温度检测，通过短节组装在钻具的不同部位实现不同点的温度测试；仪器悬挂式则通过悬挂安装在钻具的不同部位，解决安全钻进的问题；投入式则是为了解决仪器的高温寿命问题；绳索式则主要解决和绳索取心工艺配套的问题。

(2) 针对深部钻探井下高温高压环境，研究保温绝热、相变蓄热、屈服抗压、高压密封等技术，并将其应用到井下高温随钻测试仪，保证仪器的绝热性能与可靠性。内容包括多层真空隔热技术、热量反射技术、抗压挤毁和高压密封设计等。相变材料用于延长仪器的高温条件下的工作时间和寿命，需要在研究储热理论的基础上优化选择隔热和储热相变材料。

（3）研究井下温度采集系统和存储式测试系统结构，研制出适应于深部钻探井下超高温、超高压环境的存储式温度测试系统，满足井下小尺寸、强振动工作条件。

为了适应松科 2 井的不同工艺要求，该仪器采用了随钻短节式、钻杆内腔悬挂式、钻杆内腔座卡式、钻具内悬挂式、井口投入式、绳索打捞式和绳索随钻式，在工程现场分别进行了测试和试验。

随钻测量短节式如图 4-2 所示，仪器放在中间，两边有可以让泥浆通过的专用接头，可直接通过接头连接在钻杆和钻具之间进行随钻测量；绳索取心打捞式（图 4-3）可与打捞器连接在一起，打捞内管时提出测量仪器；绳索取心随钻式，仪器与内管总成连接在一起，投入井内并随钻检测，连接如图 4-4 所示，取心时与岩心一起打捞上来（胡郁乐等，2019）。

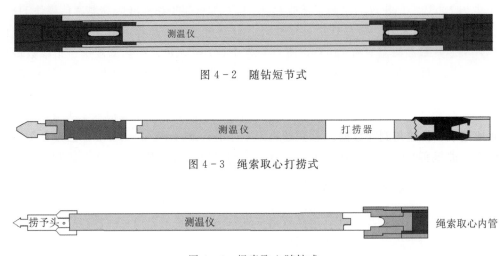

图 4-2　随钻短节式

图 4-3　绳索取心打捞式

图 4-4　绳索取心随钻式

投测式另一种结构形式如图 4-5 所示，由缓冲弹簧、阻尼筒、电池安装筒、测量短节和吊测接头等部件组成，测量短节最高服役环境温度 210℃。在提钻前投入该仪器，提钻后取出仪器进行读数。该种结构具有精度高、可靠性高、适应性强、使用方便等特点，可满足地热钻探、科学钻探等井内温度测量需求。

测温系统主要由 3 个功能模块组成：①低功耗、小尺寸、稳定性强的温度检测系统硬件电路；②实现整个仪器功能的软件；③耐高温、抗高压的仪器机械结构。系统如图 4-6 所示。

图 4-5　投入式井下测温仪

硬件电路采用经过高温筛选的元器件，将硬件电路放在恒温箱中进行筛选，同时将硬件电路的测量温度与恒温箱的温度进行对比与标定，确保测试的温度准确性，最终获得了极限

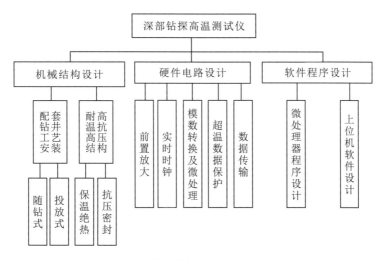

图 4-6 松科 2 井高温测试仪系统的组成

工作温度 230℃ 的高温电路。

测量系统软件程序的主要功能：接收上位机发送的命令，并传输温度和时间数据。软件可方便地记录、传输与删除数据。上位机的程序运用 LabVIEW 语言编写，它的主要作用是发送指令，进行实时时间的设置，数据的采集、传输和数据的擦除等。井下高温对测试仪器电路的影响非常大，由于超过芯片温度极限，导致电子器件的电学参数漂移、硅片连线故障、封装故障、电迁移等。

针对仪器的井下高温高压条件，设计时考虑了仪器的强度、密封性和耐高温性能。本仪器主要采用真空隔热、绝热棉隔热、镜面热量反射、吸热体吸热、抗压挤毁和高压密封的技术。设计的仪器筒体具有很大的热阻，内筒外表面光洁如镜面，可以反射热量。将电路板和电池放在中间的保护舱中，内置特殊吸热保护材料，将漏热量暂储存起来，起到保护电路板和电池的作用。仪器的外筒采用高强度材料制作，能满足抗压挤毁强度要求，仪器采用了特殊结构密封，能满足 100MPa 泥浆压力密封。

三、现场试验与数据分析

该仪器已经在松科 2 井的钻进现场多次应用，取得了对钻井工艺有参考意义的井底温度曲线，本书选择部分测温数据进行分析对比（胡郁乐等，2017）。

1. 第 213 回次的测温数据分析

图 4-7 为松科 2 井第 213 回次的测温数据，记录的温度同时可以反映工况的变化，第 213 回次每工况节点，测试温度都有对应变化波动。从 20 日 0：40 测温仪开始下井，测试温度上升；到 20 日 8：45 下到井底（4180m），测温仪（3954m）温度达到第一个最高峰 120.73℃；开泵循环，温度迅速下降，在 10：11 冷却到最低 89.02℃之后，又开始上升；到 14：20 时，由于冲管损坏，关泵，更换冲管，温度上升斜率增大，到 21 日 0：59 时更换完成，温度达到第二个峰值 132.05℃；开泵继续钻进，井底开始冷却，温度急剧下降到最低后，又开始上升；到 6：30 时测温仪掉到滤网处，泵压突然增大 2MPa，将泵冲由 90 次/min 降到 83 次/min，温度有一个抖动上升；在 10：10~11：20，1h10min 时间里关泵加

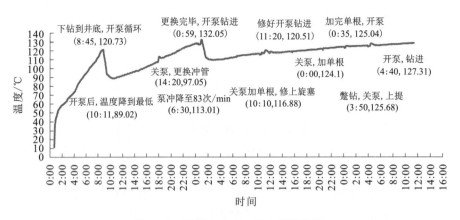

图 4-7 松科 2 井 213 回次测温数据

单根和修上旋塞，温度有一个急剧上升，开泵温度有一个迅速下降后，又开始稳定上升；在 22 日 0：00～0：35，35min 时间内，关泵加单根，温度又有一个急剧上升，开泵继续钻进，温度平稳上升，上升速度缓慢；在 3：50～4：40，50min 时间里由于整钻、关泵、上提，温度又有一个急剧上升，开泵钻进后，温度有一点下降趋势后，又缓慢上升，直到该回次钻进结束提钻。

2. 433WU - TX287 回次随钻测试

在 433WU - TX287 回次进行了随钻测试，仪器连接在取心钻具的单动的下方。

该回次测温测得的最高温度为 213.08℃，深度 6410m（钻位减去取心筒长度）（图 4-8）。仪器从 12 月 1 日 0 点开始下入，12 月 1 日 15：20 仪器测得温度为 190.71℃，停泵 40h，之后开泵循环，泵量 8.07L/s，温度下降，23：21～23：42 温度最低为

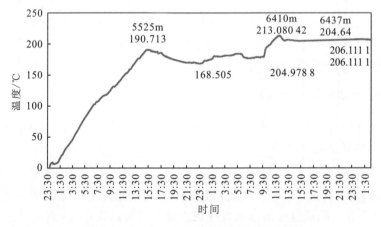

图 4-8 433WU - TX287 回次随钻测温数据

168.51℃。12 月 2 日 11：55，下到 6410m，测得最高温度为 213.08℃。12：10～12：50 共 40min 开泵循环划眼，泵量 8.07L/s，温度降为 204.98℃。测试数据表明，温度与下深呈正相关关系，温度梯度与综合测井数据吻合。由数据分析可知，恢复循环后，测点温度下降幅值最大达 22.2℃。这是经由地表冷却的钻井液循环到测试点时引起的最大温度降。当钻井

液循环后,划眼采用小泵量流量时,温度下降幅值为 8.1℃,对比数据充分说明了钻井液流量的大小对井下温度的降幅影响很大。因此,在高温钻井过程中,循环流量的增大,有利于钻井液的安全,也有利于延长井下螺杆钻具的使用寿命。

3. 444WU-TX298 回次随钻测试

随钻高温测温仪在 444WU-TX298 回次进行了随钻高温测试。读取的数据如图 4-9 所示。钻位为 6700m,测温仪深度为 6660m,温度为 222℃,停泵时间约为 46h。电池在 222℃时已经被破坏,222℃为电池的极限温度。测试效果表明,测温结果与综合物理保温瓶测井数据吻合;随钻测试仪器的组装形式可适应不同的井下环境,仪器连接方式和配套形式灵活多变,能满足多种钻探工艺条件。试验也表明,仪器除电池出现极限破坏外,电路关键芯片和元器件还具有测试功能,测试电路部分承受了 220℃的极限考验。

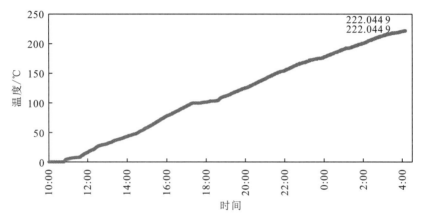

图 4-9　444WU-TX298 回次随钻测温曲线图

四、总结

(1) 该仪器在松科 2 井的钻进现场发挥了重要作用,经理论验证与测井资料的对比证实了所测数据的准确性,为泥浆的配置提供了数据支持。该仪器不仅可应用于不同钻井工艺条件下的井内高温的测试,也可拓展用于高温态井下其他参数的测试。

(2) 仪器的力学强度和密封效果在高温深井参数检测实践中得到了检验,为高温井的随钻测试技术提供了重要参考。

(3) 井下高温仪器研究任重而道远,高温电子元件、高温电池和高温传感技术目前都存在技术瓶颈问题。另外井下仪器的高温工作性能,与仪器的保温隔热技术、高温电子测试技术及钻井工艺技术均有直接关系,多学科的交叉和融合是未来深井高温仪器发展的必由趋势。

第二节　煤矿多分支孔测控技术

煤炭在我国国民经济中具有重要的战略地位,是我国重要的基础能源和原料。随着我国煤炭工业的飞速发展,煤矿延伸开采的地质条件日趋复杂,矿井瓦斯涌出量增大,采空区瓦斯涌出现象加剧，成为制约矿井安全高效开采的关键因素。分支孔定向钻进技术不但能够对钻孔轨迹精确测量与控制，而且能够降本增效，是坑道钻进的主要发展方向。

定向钻进最为关键的是随钻测量仪器和钻进系统。坑道钻机、小口螺杆马达技术、随钻测量技术及全面钻进技术相结合，大量应用于煤矿井下钻探。随钻测量仪器主要采用MWD，随钻测量中的信息传输技术是随钻测量的基础，主要作用是将随钻数据回传到地面接收系统，指导钻探工程师实时调整工具面角，进行定向钻进施工。随钻测量最早在石油钻井领域应用并得到迅速发展，是定向钻进关键技术之一。刚开始只是测钻具的倾角、方位角、工具面向角，到后来在姿态测量基础上增加了地层特性、钻孔成像、可导向功能，目前发展到旋转地质导向钻进系统的应用阶段，即将钻井、测井、自动控制技术进行融合，是在随钻钻进过程中既可达到姿态、地质测量功能又具备旋转导向钻进功能的一种技术。

随钻测量根据测量参数的不同可分为以下3类。

（1）随钻姿态测量：即钻进过程中只测量钻具的倾角、方位角和工具面向角。

（2）随钻地层评价测量：不但测量钻具的倾角、方位角和工具面向角，还测量自然伽马、电阻率、中子孔隙度等地质参数。

（3）旋转地质导向钻进测量：将随钻测量仪器、导向控制器组合在一起所构成的随钻系统，此系统可测钻具姿态、地质参数、钻具状态，同时可以根据不同地质条件，实时优化控制钻具进行旋转钻进。它曾被形象地称为"为钻头装上眼睛，让钻头准确钻进"，被国际钻井工程界认为是21世纪最高端的钻井技术。

一、复合定向钻进工艺技术

煤矿多分支孔轨迹测控技术采用复合定向钻进工艺技术，复合定向钻进工艺技术的关键是对钻孔轨迹的人工控制，它的核心是钻孔施工过程中对滑动定向钻进工艺与复合定向钻进工艺之间转换时机的把握。滑动定向钻进利用螺杆马达弯度角，即工具面不断调整到不同造斜区域内连续钻进，实现钻孔轨迹连续控制；而复合钻进主要依靠均匀改变螺杆马达弯角方向实现钻具稳斜钻进。现场试验证明，复合定向钻进钻孔轨迹平均弯曲强度明显小于滑动定向钻进。复合定向钻进钻孔轨迹弯曲强度平均值在0.2°/m以内，远远小于滑动定向钻进。滑动定向钻进阶段，可通过调整孔底马达工具面实现钻孔轨迹弯曲方向的人工实时连续控制，复合定向钻进阶段，由于孔底马达工具面不断转动，无法实现钻孔轨迹的人工控制，但可通过复合钻进条件下孔底钻具的侧向力分析，判别钻孔轨迹偏斜情况，依据偏斜情况选择相应的钻进方法，钻进过程中应尽量利用复合定向钻进钻孔弯曲规律进行钻孔轨迹控制，根据上述两种钻进工艺技术特点，制定复合定向钻进工艺选择流程如图4-10和图4-11所示。

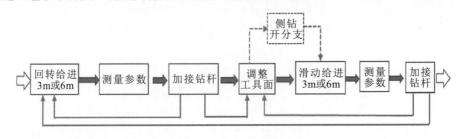

图4-10 复合钻进工艺选择流程图

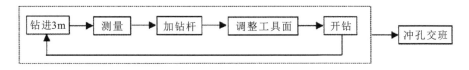

图 4-11 滑动钻进工艺流程图

复合定向钻进技术的优势分析如下。

(1) 钻进效率分析。复合定向钻进与连续滑动钻进实钻轨迹相比,复合钻进在钻进切削效率、孔内煤岩屑粉碎排出、钻孔轨迹平滑性及钻孔摩阻等方面具有很明显的优势。

在复合定向钻进工艺条件下,孔底钻头在孔底马达和钻机回转驱动下同向回转,即钻头回转速度存在叠加。钻头绝对转速较滑动定向转进有所提高,相同时间内切削煤岩层次数增加,从而提高了复合钻进的机械效率。

复合钻进的钻进动力提高。在钻进过程中,泥浆泵送高压水驱动孔底螺杆马达转动的同时钻机动力头通过钻杆带动孔底螺杆马达同向转动,动力头旋转转矩远大于孔底螺杆马达转子转动转矩。实践证明,当孔底钻头回转阻力较大时,滑动造斜钻进机械转速降低明显,而钻机回转给进时,由于钻机提供一部分碎岩动力,其具有较高的机械转速。当然,此时孔底钻头回转阻力也将会增大,孔底马达转子增大的扭矩使泥浆泵压随之升高。表 4-1 为两种钻进方式的耗时对比。

表 4-1 两种钻进方式的耗时对比

项目	钻进 3m 耗时/min	测量耗时/min	如钻杆耗时/min	调整工具面耗时/min	井尺 3m 冲孔耗时/min
滑动定向钻进	5	1	1.5	1	1
复合定向钻进	5	1	1.5	0	0.5

(2) 钻进安全性分析。滑动定向钻进过程中,钻具在孔内不回转只产生轴向运动,孔底螺杆马达的工具面向角即造斜方向在某一孔段内保持不变,此时形成的钻孔轨迹呈螺旋状,这种条件下不利于排除孔内岩粉,钻具摩阻也相应增加。而复合钻进过程中孔内钻具在轴向运动的同时也进行回转转动,此时钻杆在轴向力、钻机扭矩、离心力的共同作用下在孔内不断地进行着复杂的空间运动,可有效提高钻具的安全性。

毋庸置疑,由于煤矿井下处于高湿度、粉尘和瓦斯爆炸性气体环境下,施工条件相对较差,矿用产品涉及煤矿安全对仪器的电气性能和防爆要求更高,它的设计需遵循《爆炸性环境》(GB 3836.1—2010、GB 3836.2—2010、GB 3836.4—2010) 等国家标准和相关的行业标准。按照Ⅰ类设备进行制造和试验,并强制要求取得煤矿安全资质认证。

二、随钻测量的传输

在定向仪器方面,因受到矿下巷道条件、煤矿安全因素、技术和装备能力等多方面的制约,主要以有线随钻测量为主,威利朗沃(中国)的 DGS 随钻测量系统,是最早在国内使用成功的随钻测量系统,以高精度、高稳定性、高维护、高成本著称(图 4-12)。中煤科工集团西安研究院经过多年的研究,推出了可充电电池组的 YHD2-1000 型随钻测量系统。

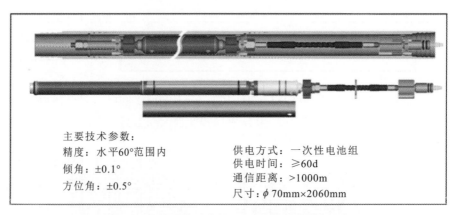

图 4-12 从国外引进的 DGS 随钻测量系统探管

目前有线传输方式的传输通道为特制的中心通缆钻杆，通缆钻杆传输结合了特种钻杆传输和电缆传输的特点，将电缆传输中的电缆替换为直径 4mm 单芯铜芯，通过特殊的塑料结构与钻杆外壁隔绝，可实现钻孔内外信号双向通信，传输速度快，传输数据多，供电方式为孔内电池供电或孔口计算机供电，因此通缆传输被广泛应用，但中心通缆钻杆的绝缘性能和连接密封性能要求较高，抗干扰能力差。随着钻孔深度的延伸，钻杆的连接电阻逐渐加大，供电电压和随钻测量信号传输衰减迅速，通信故障频繁，影响传输的距离和稳定性。另外，中心通缆钻杆与普通外平钻杆相比强度较低，不适宜使用复合定向钻进工艺技术，岩层和碎软煤层钻进效果与安全性较低，钻杆过流面积小，对钻孔液流动影响大，增加了泥浆泵负担，降低了钻孔排渣效果，影响了孔底马达正常使用，限制了钻孔深度的进一步提高。

近年来，国内逐步推出无线式随钻测量系统，真正意义上打破了国外的垄断，逐步取代了有线式和进口的无线式随钻测量设备。

无线传输主要有以下几种类型。

(1) 声波传输：在钻杆或地层中利用声波来传递信号，实现信息的单向传输，声波传输的特点是传输信息的方式简单，但信号容易受到干扰，衰减严重，获取的信号强度比较弱，不容易被采集，目前声波传输方式还处于试验阶段，未得以推广。

(2) 电磁波传输：利用孔内的电磁波发射单元将钻具信息通过钻杆-大地传输，地面的接收单元接收信号并进行波形解码。目前哈里伯顿、贝克休斯及斯伦贝谢等国外大型石油公司已经成功研制出电磁波随钻测量系统，并应用于实际，如表 4-2 所示，目前国内致力于研究该系统并推广至煤矿领域。

表 4-2　国外电磁波随钻测量系统生产厂家

EM-MWD 厂家	工作频率/Hz	最高温度/℃	压力/MPa	连续工作时间/h	最小外径/mm	传输方向
Weatherfold（美国）	2~20	150	137	120	120.6	双向
Schlumberger（美国）	2~20	120	84	200	120.6	双向
Halliburton（美国）	2~20	150	124	200	89	双向
Ryan（加拿大）	10	150	137	80~130	78	双向
Blackstar（加拿大）	2~12	150	137	80~130	121	双向
萨马拉地平线公司（俄罗斯）	1.2~10	120	105	涡轮发电	172	双向

(3) 泥浆脉冲传输：以泥浆为介质，通过泥浆脉冲发生器将井下的测量信息传输出去，地面上的泥浆脉冲接收器接收到后进行识别和波形解码。泥浆脉冲传输的随钻系统被广泛地应用于石油钻井中。我国煤矿井下的泥浆脉冲仪器装备正处于创新发展阶段。

三、电磁波无线随钻测量系统

随着我国煤矿安全要求和绿色矿山建设的推进，不但要求对钻孔的装备与技术进行创新改进，而且要求钻孔轨迹的精确测量与控制，同时还要严格控制成本，更好地满足生产需要。近年来，一些煤矿生产企业和科研单位在定向钻进技术、定向钻进设备及定向钻进工艺等方面做了许多开拓性的工作。

如陕西太合智能钻探有限公司研制了复杂地层定向钻进装备，装备由高强度三棱螺旋槽钻杆、三棱螺旋槽无磁钻杆及无磁外管、三棱螺旋槽定向马达和定向钻头、绝缘天线、电磁波无线随钻测量系统等。它研制的无线随钻测量装置充分发挥了复合定向钻进的技术优势，复合钻进时钻杆整体回转，要求钻杆有一定的强度，而通缆钻杆因内部通缆结构设计，它的强度受到影响，不利于复合钻进，而复合钻进的最大优势之一是有利于孔内排渣，采用外平钻杆很难在复杂地层中成孔，研制的螺旋、三棱等异形通孔钻杆在复杂地层成孔适应性强，在无法采用有线方式传递信号的条件下，研究通过采用无线随钻测量装置来实现。

陕西太合智能钻探有限公司研制的电磁波无线随钻测量系统应用于煤矿井下，可随钻测量钻具姿态、绘制钻孔轨迹，便于司钻人员及时调整弯头方向，准确地定向钻进。研制的电磁波无线随钻测量系统具备姿态测量数据实时采集、数据显示、数据记录、轨迹绘制、指导定向钻进功能，主要技术指标如下。

(1) 倾角：测量范围 $-90°\sim +90°$，精度 $\pm 0.2°$。

(2) 方位角：测量范围 $0°\sim 360°$，精度 $\pm 1.2°$。

(3) 工具面角：测量范围 $0°\sim 360°$，精度 $\pm 1.0°$。

(4) 无线随钻测量系统传输距离：$\geqslant 500m$。

(5) 无线随钻测量系统电池使用时间：$\geqslant 12d$。

(6) 单次数据测量时间：$<30s$。

陕西太合智能钻探有限公司电磁波随钻测量系统，主要由矿用本安型随钻测量探管（以下简称探管）、绝缘天线总成和矿用隔爆兼本安型计算机、随钻测量系统软件 4 个部分组成，如图 4-13 所示。随钻测量系统结构原理如图 4-14 所示。

随钻测量探管主要由电池组短节、测量发射短节、发射天线 3 个部分组成。

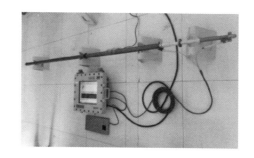

图 4-13 仪器系统的组成

电池组短节：主要为探管提供电源。根据矿用本安供电根据《爆炸性环境》(GB 3836.4—2010) 中对本安电路的设计要求，本安电路为 15V 电压，电流不能超过 1A，并提供过流过压保护及锂电池电量采集电路。

测量与发射短节：随钻姿态测量可由三轴加速度计和磁通门组合或者由三轴加速度计和陀螺组合传感器完成。当振动检测单元检测到振动且振动时间不小于 25s，振动停止 10s 后，

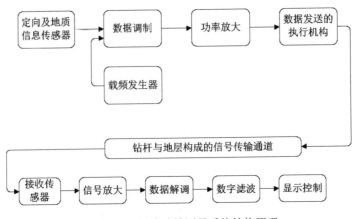

图 4-14 电磁波随钻测量系统结构原理

探管的姿态测量单元的高精度加速度传感器和陀螺仪传感器分别采集地球角速度三轴分量及重力加速度分量，通过 RS232 通信传递给发射短节，发射短节电路实现姿态信号的编码、调制、滤波放大后，驱动发射天线向地层发射电磁波信号。

发射天线：经特殊工艺实现的上、下部导体相互绝缘，构成偶极子，发射短节输出馈送到偶极子两端，然后耦合到地层，通过地层进行传播。绝缘天线与绝缘短节装配构成绝缘天线总成，使得无磁外管上、下两部分之间绝缘，可承受振动冲击、扭矩摩擦。绝缘短节上部安装有座键环与绝缘天线上端电气导通，下部靠悬挂短节内的悬挂接头来实现与绝缘天线下端的电气导通。

孔内随钻测量探管的姿态测量短节完成姿态参数的采集，并通过发射机短节将所测参数进行编码（即调制）以电磁波形式发送，电磁波信号主要沿钻柱传输，传送到孔口。孔口的矿用隔爆兼本安型计算机的接收机电路接收信号，经过放大、去噪和解码（解调），解调后的信息经过处理后，通过专门的测量软件进行数据显示，轨迹绘制，以便指导司钻人员定向钻进。它的结构原理如图 4-15 所示。

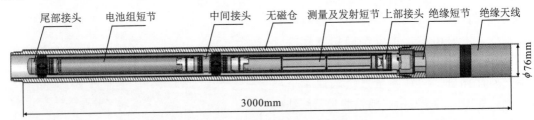

图 4-15 随钻测量探管的组成

软件系统组成如图 4-16 所示。

从图 4-16 上可以看到，随钻测量系统软件设计主要包括电磁波波形解码设计和随钻轨迹测量设计两个部分。电磁波波形解码设计主要包括解码功能设计和波形输出界面设计。而随钻轨迹测量部分主要包括实时界面设计、轨迹界面设计、轨迹导入设计及开新孔与开分支设计。

1）波形解码软件界面设计

波形解码软件的界面设计主要包含标题栏、菜单栏、波形输出区域、信息栏 4 个区域。

第四章 工程案例与应用分析

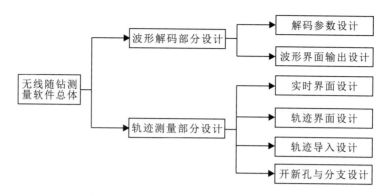

图 4-16 电磁波随钻测量软件总体架构

其中标题栏用于显示解码软件的名称信息；菜单栏用于功能设置，主要包括自动按钮、设置按钮、暂停按钮、增益设置选项、数据传输闪烁指示、门限调节选择项、数据存储选择项；波形输出区域用于显示接收的波形；信息栏用于显示接收到的数据信息码元和解析出的姿态参数及电量。

2）解码参数设置

无线电波的发射功率是指在给定频段范围内的能量，通常采用功率或增益两种衡量或测量标准，在波形解码软件中，根据使用环境的干扰磁场情况，可以对接收的信号进行增益设置，范围为 0~120dB。解码设置主要利用解码门限对数据码元进行正确解码，解码的范围设定在 0.3~0.5 内，一般情况下设置成 0.5。

3）随钻轨迹测量部分设计

波形解码软件输出的钻具姿态信息码元，通过随钻轨迹测量软件部分完成，主要完成数据的储存、显示和轨迹绘制等功能。它的界面设计如图 4-17 所示。

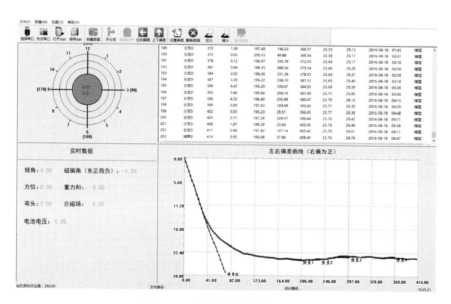

图 4-17 随钻轨迹测量软件界面

（1）标题栏：测量软件的名称信息。

（2）下拉菜单：包含了测量软件全部功能操作。

（3）快捷菜单：主要设置随钻过程中常用的快捷操作，以按钮的形式存在（图 4 - 18）。

图 4 - 18　软件常用快捷键界面

（4）实时数据：实时显示当前钻具姿态信息。

（5）数据界面：记录孔内各测点的实时钻具姿态信息（图 4 - 19）。

实时数据

倾角：5.54　　磁偏角(负)：-6.0

真方位：176.51　　总加速度：0.9

弯头：270.50　　总磁场：1.1

序号	孔号	孔深	倾角	真方位	弯头	下行轨	+右/-左	+上/-下	加速度	磁场	时间	备注
1	主孔	0.00	3.20	174.26	359.96	0.00	0.00	0.00	1.03	0.98	2018-10-17 08:50...	煤层
2	主孔	3.00	3.22	174.26	0.01	2.98	-0.30	0.17	1.03	0.98	2018-10-17 08:51...	煤层
3	主孔	6.00	3.22	174.29	0.01	5.96	-0.60	0.34	1.03	0.98	2018-10-17 08:51...	煤层
4	主孔	9.00	3.22	174.26	0.01	8.94	-0.90	0.51	1.03	0.98	2018-10-17 08:51...	煤层
5	主孔	12.00	3.22	174.27	0.02	11.92	-1.20	0.67	1.03	0.98	2018-10-17 08:51...	煤层
6	主孔	15.00	3.22	174.26	0.02	14.90	-1.50	0.84	1.03	0.98	2018-10-17 08:51...	煤层
7	主孔	18.00	3.22	174.25	0.02	17.88	-1.80	1.01	1.03	0.98	2018-10-17 08:51...	煤层
8	主孔	21.00	3.22	174.24	0.01	20.86	-2.10	1.18	1.03	0.98	2018-10-17 08:51...	煤层
9	主孔	24.00	3.22	174.24	0.00	23.84	-2.40	1.35	1.03	0.98	2018-10-17 08:51...	煤层
10	主孔	27.00	3.04	169.87	359.78	26.81	-2.81	1.51	1.03	0.98	2018-10-17 08:51...	煤层
11	主孔	30.00	3.05	169.86	359.81	29.76	-3.34	1.67	1.03	0.98	2018-10-17 08:51...	煤层
12	主孔	33.00	3.04	169.88	359.81	32.70	-3.86	1.83	1.03	0.98	2018-10-17 08:51...	煤层
13	主孔	36.00	3.05	169.87	359.81	35.65	-4.39	1.99	1.03	0.98	2018-10-17 08:51...	煤层
14	主孔	39.00	3.05	169.85	359.81	38.60	-4.92	2.15	1.03	0.98	2018-10-17 08:51...	煤层
15	主孔	42.00	3.04	169.86	359.82	41.55	-5.45	2.31	1.03	0.98	2018-10-17 08:52...	煤层
16	分支1	15.00	3.22	174.26	0.02	14.90	-1.50	0.84	1.03	0.98	2018-10-17 08:51...	煤层
17	分支1	18.00	5.53	176.51	270.51	17.88	-1.74	1.07	0.88	1.09	2018-10-24 09:28...	煤层
18	分支1	21.00	5.54	176.23	270.50	20.86	-1.93	1.36	0.88	1.12	2018-10-24 09:28...	煤层
19	分支1	24.00	5.53	176.16	270.49	23.84	-2.12	1.65	0.88	1.13	2018-10-24 09:28...	煤层
20	分支1	27.00	5.55	176.56	270.53	26.82	-2.31	1.94	0.88	1.08	2018-10-24 09:28...	煤层

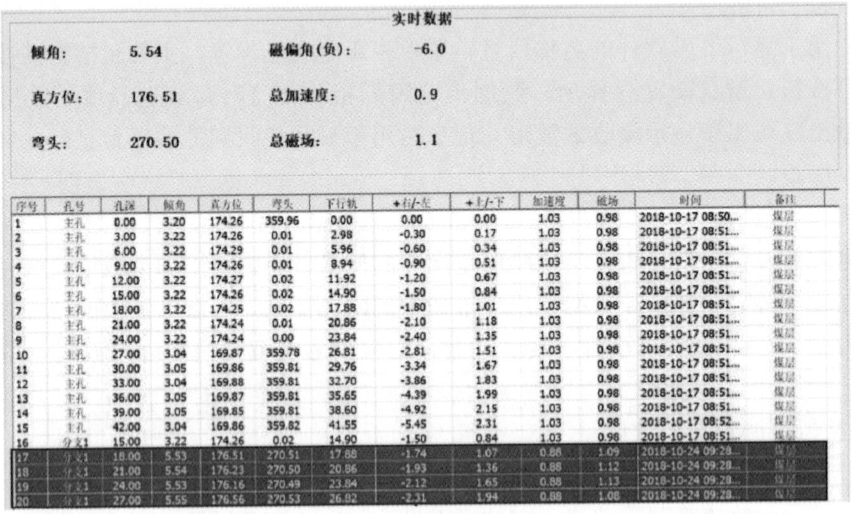

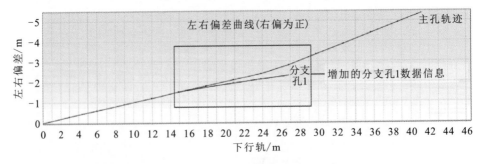

图 4 - 19　钻具姿态信息

（6）轨迹界面：根据所记录的实时钻具姿态信息，绘制实钻轨迹（图 4 - 20）。

图 4 - 20　实钻轨迹

图 4 - 20 中，横坐标代表下行轨，即实钻轨迹在水平方向的投影。纵坐标代表上下偏差或左右偏差，上下偏差代表实钻轨迹的各个测点与开孔位置的垂直距离，左右偏差代表实钻轨迹的各个测点与目标方位的水平距离。

4)实时数据接收功能及界面设计

实时界面设计主要包含实时弯头表盘显示及实时数据显示两部分,实时数据主要包括倾角、方位、弯头、重力和、总磁场及当地磁偏角等信息(图 4-21)。

当点击"串口打开"按钮时,弯头表盘中心圆由空心变成绿色实心圆,则轨迹测量软件可以接收波形解码软件传来的码元信息,若收到码元信息,界面点亮,则弯头表盘由灰色变为红色,实时数据由灰色变为红色,维持 10s 后变暗,若点击"串口关闭"按钮,则轨迹测量软件的弯头表盘中心圆由绿色实心圆变为空心,同时,由于通信关闭,弯头表盘显示及实时数据显示均变为灰色(图 4-22)。

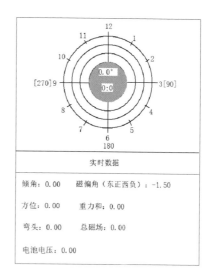

图 4-21 实时数据

5)轨迹保存、绘制功能及界面设计

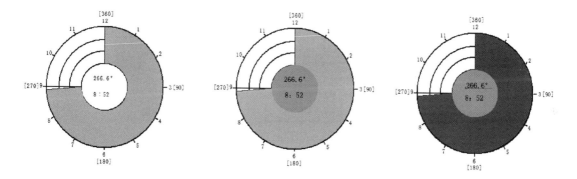

图 4-22 弯头表盘显示

测量轨迹界面主要由实钻轨迹数据保存界面、方位测量轨迹左右显示界面和倾角测量轨迹上下显示界面 3 个部分构成。

实钻轨迹保存内容:主/分支孔、实时孔深、倾角、方位角、工具面角、下行轨、上下偏差、左右偏差、数据记录时间、随钻地质情况。

在串口打开的情况下,当轨迹测量软件收到波形解码软件的码元信息后,实时界面被点亮,弯头表盘、实时数据显示界面数字,均由灰变红,此时司钻工程师按下"测量数据"按钮,则弹出"测量数据"对话框,如图 4-23 所示,点击"确定",即可记录数据。测量软件完成测点解算保存,并在实时数据显示界面中显示出来。

6)开新孔流程与功能设计

每个钻孔在施工以前,都需要进行一些重要的参数设置,诸如复位弯头,目的是使孔底马达的机械零位与软件的逻辑零位一致。

(1)当点击"文件"菜单→出现下拉菜单→选择开新孔→弹出"设置初始参数"对话框。

(2)复位弯头,调整孔底马达弯头方向为 0°后→点击"弯头复位"→输入确认码→点

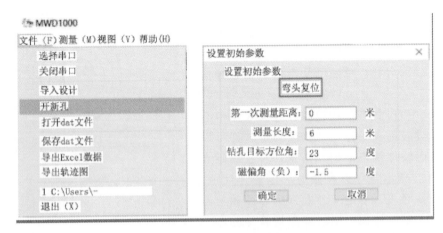

图 4-23 设置初始参数

击"确定"→弯头复位完毕,此时工具面表盘显示弯头如图 4-24 所示。

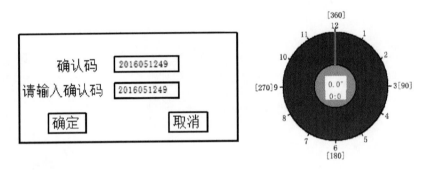

图 4-24 弯头显示

值得注意的是,由于复位弯头操作是一个关键的操作,要求只有相关技术人员才能进行设置,同时为了避免误操作,每一次需要输入密码才能复位弯头。

(3) 第一次测量距离:一般为开孔位置,输入 0。

(4) 测量长度:默认为 6m,输入 6。

(5) 钻孔目标方位角:此角度是计算左右偏差的参考,一般为轨迹设计文件(Excel 格式钻孔轨迹设计)中的目标方位角。

(6) 磁偏角(负):输入当地磁偏角,注意输入的一定是负值。点击"确定",完成。

7) 实时数据记录流程与功能设计

本操作用于保存相应测量点位置的钻孔数据和地层信息;默认孔口位置,孔深为 0m,默认测量长度 6m,孔深以 6m 累加;若测量数据时忘记修改地层信息,可以在数据表中双击地层信息位置进行修改。

8) 开分支功能与流程设计

在实际的钻孔施工过程中,为了达到最大的瓦斯抽放效果,在一个主孔内部,需要随钻 2 条以上的分支孔,有的甚至多达上百条,因此随钻测量软件在绘制轨迹时,需要具备分支轨迹显示的功能。

9) 历史轨迹数据导出流程与功能设计

测量软件的历史数据的存储格式是 .dat 格式，而一般矿方采用专用的 Excel 格式计算并绘制轨迹，因此在设计时，特增加了此数据导出的功能，即将 .dat 格式转换成 Excel 格式数据，方便技术人员操作。

陕西太合智能钻探有限公司在成庄矿成功实施了以电磁波随钻测量系统和螺旋钻杆为主要技术的定向钻进工程试验。成庄矿位于沁水煤田南翼，晋城市西北 20km 处，成庄矿属于煤与瓦斯突出矿井。为了彻底治理瓦斯，成庄矿始终坚持"先抽后采、以风定产、监测监控"的十二字方针，并于多年前引进了井下近水平千米定向钻机，相较于普通的回转转进方式，在钻探设备配套及钻探工艺等方面进行了全面的创新改革，但是近年来，随着地质构造条件的越加复杂化，瓦斯抽采任务更加严峻，千米定向钻机在施工中多次遇到压杆、埋钻及钻孔中间塌孔不返水等孔内事故，对成庄煤矿瓦斯抽采任务具有较大的影响。

陕西太合智能钻探有限公司对定向钻进系统进行了二次优化设计与研究，2018 年 7 月至今，于成庄矿南翼风井 43213/4 底抽巷、4315 巷，实现最大孔深 580m，单孔进尺超过 7000m，累计总进尺 15 000m。2019 年 2 月至今，于成庄矿段河 4326 回风通道 1♯横川迎头、452 巷 13♯横川模块 Y1♯孔，实现最大孔深 440m，单孔进尺超过 6000m，累计实现进尺 10 000m。

定向钻项目的成功实施，取得了较好的试验效果，保证了工作面安全顺利通过空巷区域，同时也具有较为明显的经济效益，主要体现在以下几个方面。

(1) 钻孔深度、钻孔效率提高，生产成本降低。采用无线随钻测量装置及配套钻具进行施工，以 43123/4 巷的实际钻进施工来说，单台定向钻机单个钻孔，每天平均进尺深度为 180m，平均钻孔深度为 350m，最大钻孔深度不超过 580m，则正常情况下，月总进尺为 5400m，但由于地质因素影响，在平均处理压钻、退钻情况耽搁正常施工天数与有线施工相同情况下，则实际月总进尺 4500m。

由此可知，采用无线随钻测量装置及配套钻具进行施工，以进尺单价 500 元/m 进行计算，每月平均进尺效益增加 $(4500-3000)\times 500=750\ 000$（元），则全年实现进尺效益增加约为 900 万元。

(2) 施工风险系数降低，维修维护成本降低。若采用有线随钻测量系统配套钻具进行施工，通常采用外平通缆钻杆进行钻进施工，单根钻杆的通缆维修成本高，而采用三棱螺旋槽空心钻杆，不存在通缆维修成本。相对外平钻杆施工，三棱螺旋槽钻杆排渣相对比较顺畅，不容易压钻、掉钻，施工风险系数降低。

项目也具有显著的社会效益，主要表现在以下几个方面：①降低生产成本，缩短施工周期。在钻孔施工过程中，对比有线随钻测量系统及配套钻具装备施工，三棱螺旋槽空心钻杆由于没有中间的通缆，能够将更多的人力、物力集中在钻进施工上，花费在维修与维护上的时间与费用较少。②降低风险，安全系数提高。在钻孔施工工程中，多次遇到松软、破碎的恶劣条件地层，配合复合定向钻进工艺与三棱螺旋槽钻杆、三棱螺旋槽马达与无磁钻具，由于排渣相对顺畅，降低了压钻、掉钻的风险，安全系数提高，同时，也减少了因恶劣地层无法施工所造成的退钻次数与废孔率。

第三节 井下工程参数测量系统应用实例

一、近钻头测量系统的应用

山西沁水煤层气,煤层厚度仅 2~5m,断层多,地质疏松,追层难度较大,采用常规伽马测量工具,测点距钻头达 15m,无法及时掌握地下钻头信息,极易造成出层风险。针对煤层气水平井钻井,面临的主要问题如下。

(1) 煤层薄,一般厚度在 2~5m。

(2) 煤层的地层起伏及倾角变化极大,极易出层,为保证钻遇率,导致侧钻施工太多,增加了钻井成本;延长的煤层裸露时间,增加了煤层垮塌风险,从而导致钻井风险大幅增加。

(3) 高造斜率要求。

(4) 煤层气钻井的低成本现状。

1. 技术方案的确定

在煤层钻进过程中,因为地层较软,如果采用常规 MWD+GR 技术,探头与钻头有近 15m 远的距离,因长度信息的相对滞后,通常会控制钻速,进行轨迹评估,频繁调整轨迹,在很大程度上限制了机械钻速。近钻头测量系统是石油钻井中为获取井底真实参数而研发的一种智能型测量系统。因为测量系统靠近钻头,其探头距离钻头一般只有 0.5m,测量参数比常规 MWD 提前 15m 以上。采用近钻头近端测量,它的信号传输速度是传统速度的近 3 倍以上,而且能够及时知道钻头方位伽马数据,因此可以放开钻进速度。

因此,确定近钻头测量工具的应用有利于提高储层钻遇率。如当井斜和方位伽马测点距离钻头仅 0.5m 时,更有利于准确判断钻头位置,并更容易及时地调整井眼轨迹。

该系统可准确地获得钻头处的动态方位伽马数据和静态井斜数据,解决常规伽马地质导向工具的不足,是为解决复杂的、较薄的开发层而研制的先进工具,能推动超薄目标层的开采,缩短钻井周期,降低钻井成本。

近钻头测量系统包括安装在钻头与螺杆之间的近钻头测量短节,在螺杆与无磁之间安装的近钻头接收短节和配备无线接收短节的 MWD。近钻头测量短节测量近钻头静态井斜和方位伽马数据,通过跨螺杆无线通信传输给近钻头接收短节,再通过无线通信传输到 MWD,然后通过脉冲发送至地面。

仪器的主要性能参数如下。

(1) 井斜:$(0°\sim 180°)\pm 0.3°$(静态)。

(2) 伽马测量范围:0~512API。

(3) 存储容量:64Mbit。

(4) 工作转速:30~450r/min。

(5) 持续工作时间:≥200h。

(6) 仪器外径:172mm。

(7) 伽马传感器位置:距钻头 500mm。

(8) 井斜传感器位置:距钻头 500mm。

(9) 工作温度：125℃。

(10) 承压：120MPa。

2. 仪器的组装与应用

近钻头测量系统整机包括地面设备和井下总成。井下总成包括以下几个方面。

MWD 连接顺序：LHE6311C 循环套＋LHE6427B 主阀头主件＋LHE6116C 脉冲器短节（内置接收短节）＋LHE6118 探管短节＋LHE6112 电池短节（内置 LHE6113A 电池组）＋LHE6121 打捞头，如图 4-25 所示。

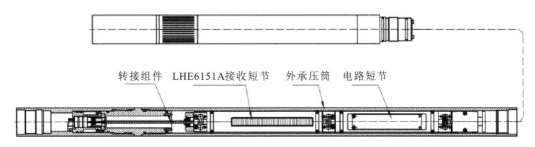

图 4-25 MWD 连接顺序

钻具连接方式：钻头＋LHE7611B 近钻头测量短节＋螺杆＋LHE7612B 近钻头接收短节＋LHE7613B 无线发射机芯＋LHE7625 转换接头＋LHE7312B 无线通信短节＋无磁钻铤，如图 4-26 所示。

操作程序如下。

将 LHE6116 脉冲器外承压筒拆下，将 LHE6151A 接收短节装在转接组件和电路短节中间，然后将长 650mm 的承压外筒换上，如图 4-26 所示。

使用 LHE6129 测试工装、LHE6040 数据线、LHE6038 电源线，把 LHE6118 探管连接至电脑。使用 LHE0931 软件在线升级探管程序。

近钻头测量短节扣型为 430/431，下端接钻头，上端接螺杆，首先确认扣型，钻头扣型为 431，螺杆下端扣型为 430，打扣时注意，B 型钳下钳口抱紧钻头，上钳口抱紧打紧工装（保护天线），不要用液压大钳打紧，如图 4-26 所示。

图 4-27 为整机连接图，序号 5 和序号 9 的打扣接头为选配，近钻头接收短节下端和螺杆连接，无线通信短节上端和无磁钻铤连接。如果出现扣型对不上的情况，增加序号 5 和序号 9 的打扣接头。

打扣接头、近钻头接收短节、转换接头、无线通信短节下井前需要打紧扣型，注意紧扣时液压大钳要避开天线和盖板。

3. 工程应用

1) 工况条件

(1) 井型：大位移定向井或水平井。

(2) 井眼尺寸：216mm。

(3) 钻具要求：螺杆 6.75 寸、螺杆弯度小于 1.25°，钻头 8.5 寸。

(4) 井下温度：0～150℃。

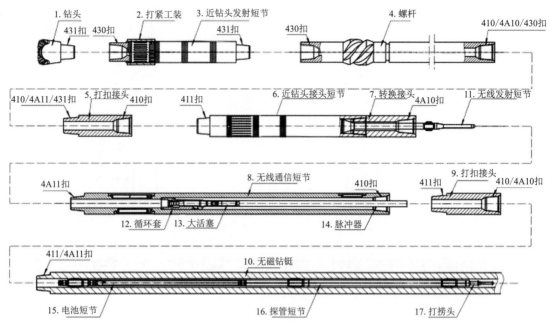

图 4-26 整机连接图

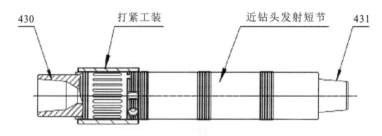

图 4-27 近钻头测量短节

(5) 井下压强：≤120MPa。

(6) 钻井参数要求：排量为 10～55L/s。

(7) 钻井液性能要求：密度小于 2.5g/cm³，含沙量小于 1%，泥浆黏度（漏斗黏度）不大于 140s，无任何堵漏材料，钻具中增加钻杆滤子。

2）应用效果

仪器完成了 7 口井的应用实践，应用效果如表 4-3 所示。图 4-28 为近钻头测量系统在樊 70 平 3～5L 伽马实测曲线图。

实际应用效果表明，近钻头测量系统完成了实时地层方位伽马测量，实现了以下具体目标。

(1) 近钻头精确地质导向，煤层钻遇率达到 98% 以上。

(2) 因为大幅减少地质循环、地质导向决策等待时间、地质导向人为误判断导致的侧钻等低钻时等状况，钻井效率大幅提高。

(3) 因为综合钻井效率的提高，煤层段的钻井周期大幅缩短，煤层裸露时间较短，降低了煤层因为浸泡时间长导致煤层垮塌的风险,提高钻井作业安全性。

(4) 因为煤层在泥浆中的裸露时间减少,减少了泥浆对煤层的侵入,有利于煤层的更高效开采,煤层气得到有效保护。

表 4-3 近钻头测量系统现场应用效果表

序号	井号	井型	所钻井段/m	进尺/m	井斜/(°)	煤层钻遇率/%	工作时间/h
1	徐 77-76	油井定向井	170~1200	1030	15	—	96
2	华 H123-2 井	油井水平井	515~3245	2730	90	—	158
3	bDT1357	油井定向井	1567~2035	468	65	—	115
4	辛 37-斜 71	油井定向井	300~1910	1610	42	—	207
5	FHW3116I	油井水平井	516~1434	918	90	—	216
6	FHW3163P	油井水平井	618~1636	1018	91	—	243
7	FHW3120P	油井水平井	553~1550	957	88	—	180
8	5D9315	油井定向井	221~1178	957	18	—	154
9	1D1236	油井定向井	392~1168	776	25	—	73
10	樊 67 平 2-3L 井	煤层气水平井	1015~2009	994	88	100	109.5
11	樊 70 平 3-5L	煤层气水平井	1248~1961	713	92	100	116
12	樊 70 平 3-15-1L 井	煤层气水平井	621~1367	746	94	98	169
13	樊 71 平 11L 井	煤层气水平井	935~1961	1026	93	98.50	303
14	樊 70 平 3-15-2L 井	煤层气水平井	1154~1625	471	89	100	219.5
15	樊 70 平 3-15-3L	煤层气水平井	763~2010	1247	88	99	197
16	郑试 34 平 8 井	煤层气水平井	1137~1926	789	92	100	232

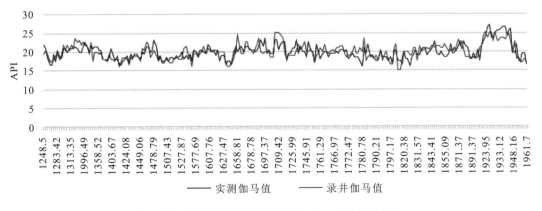

图 4-28 近钻头测量系统在樊 70 平 3-5L 伽马曲线图

工程实践证明,近钻头测量仪器技术性能测试完全满足使用要求,顺利完成了既定目标。充分验证了该项技术的实用价值及在煤层气施工中能够发挥积极作用,值得全面推广。但在实践过程中也存在一些不足:由于煤层起伏性较大,着陆点具有不确定性,地质设计的误差会较大,着陆点设计垂深与实钻垂深误差可达到±20m,在实钻过程中需要充分考虑轨迹控制方面的技术难点。

二、井下工程参数测量系统

1. 功能介绍

工程参数测量系统分随钻式和存储式两种,可以测量扭矩、钻压、内外环空压力,测量转速、振动、温度;配合上位机软件还能解算出弯矩,同时将井下信息实时传输到地面,极大地保证了施工安全。

随钻式工程参数测量系统通过集成MWD系统在地表连续实时获取工程参数,既能提高生产效率,又能降低生产成本。连续井下工作时间可以满足一些特殊井的要求,无需多次起钻。

存储式工程参数测量系统是将测量功能全部集中在一个短节上,采集到的数据储存在井下存储器中,供起钻后下载、分析,使用时安装在钻具任意位置即可。

2. 工作原理

(1) 工程参数系统采用成熟的电阻式应变计传感器来检测钻压、扭矩,可以保证扭矩钻压参数的稳定及准确。

(2) 采用高精度压力传感器测量内外环空压力。

(3) 采用国外进口转速测量芯片,实时监测钻速。

(4) 采用加速计测量井下3个方向的振动量。

(5) 随钻式可实时监控井下的工程参数,极大地保证了施工安全。

(6) 存储式整体长度短,可灵活地连接到钻具中,不影响井队钻进。

3. 仪器的组成

随钻式工程参数测量系统整机包括地面设备和井下总成,井下仪器连接如图4-29所示。

其中打捞头、探管短节、电池短节、脉冲器短节、主阀头组件、循环套、定向接头为常规无线随钻测量系统,负责MWD姿态参数的测量及数据的上传。

工程参数测量短节的材料采用P550无磁不锈钢,为钻铤式仪器,测量扭矩、钻压、外环空压力、内环空压力、转速、温度及振动等参数,其内部有独立的供电单元。

工程参数测量短节安装有发射天线,无线随钻测量系统对应的位置安装有接收天线,二

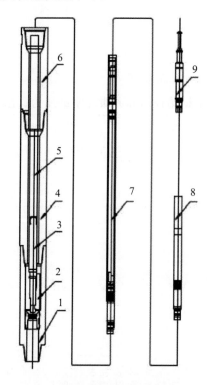

1. 定向接头;2. 循环套;3. 主阀头组件;4. 调整钻铤;5. 脉冲器短节;6. 工程参数测量短节;7. 电池短节;8. 探管短节;9. 打捞头。

图4-29 随钻工程参数系统井下仪器连接示意图

者轴向位置相互对应,工程参数测量短节测量的数据通过发射/接收天线传输给无线随钻测量系统,并将数据上传到地面。

4. 技术参数

技术参数见表4-4。

表4-4 主要技术参数

技术参数	测试范围	精度	工作极限
钻压/kN	0～300	±5%	600
扭矩/kN·m	0～30	±5%	60
内外环空压力/MPa	0～140	±1%	140
转速/r·min^{-1}	0～255	±1%	255
三轴振动/g	0～50	±1	50
温度/℃	0～150	±1	—
存储容量	200h@2s	—	—

5. 工程应用

根据钻杆内和井眼环空的压力、温度,能及时判别井涌、井漏,可以监视井眼清洁状况和井壁坍塌情况;监测泥浆性能变化,协助进行钻井参数的优化选择;回避钻井施工风险,有利于实现安全、快速钻进。

图4-30所示为工程参数应用实例,测试表明,井内工作温度最高122℃,内环空最高为110MPa,外环空最高为93MPa,压差为9.5MPa。

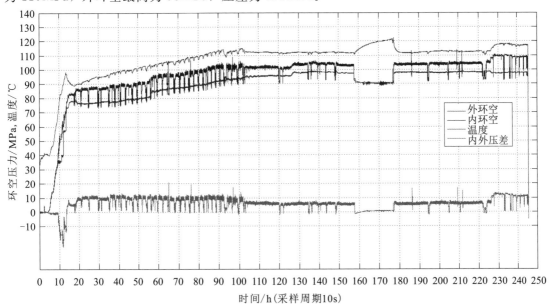

图4-30 内外环空压力等工程参数检测应用实例

通过振动参数的检测，可以掌握钻头跳动、黏滑、扭旋、钻具弯曲旋转等信息，提高钻速并降低钻杆经济损失。图4-31应用实例的测试结果表明，横向振动为5g，轴向振动为2g，有个别时间段振动大于10g。

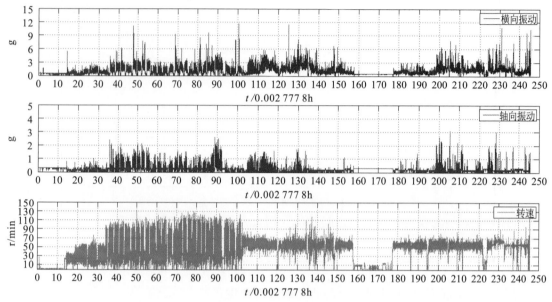

图4-31 振动和转速工程参数检测应用实例

三、随钻电阻率测量系统

1. 功能介绍

随钻电阻率测量系统，基于完备电磁场理论，采用2MHz和400kHz工作频率，利用测量仪器穿过不同电阻率地层时，改变接收线圈的幅度和相位差，再转换得到地层的电阻率信息。该类仪器在随钻测量中增加了油藏地质参数，提高了探测效率；在水平钻进过程中，能得到很好的油层地质参数；在薄油层开发中，一定程度上提高油层采收率，为开采复杂地质油藏，提供新的技术支持。

2. 工作原理

电磁波测井属于交流电测井范畴，交流信号激励线圈向地层传播电磁波，经过地层传播后通过接收端线圈测量信号的能量衰减来反演地层电阻率。

随钻电阻率测量系统采用四发双收对称天线系统，测井时测量两接收天线感应电动势的幅度比和相位差，进而得到地层电阻率，采用最佳对称补偿方法，消除井眼不规则影响，克服天线安装误差和电路漂移，提高电阻率测量精度。

随钻电阻率测量系统的应用大大提高了油藏探测效率，降低了工程成本。将定向与地质参数很好地结合起来，提高了石油工程的测量效率。将钻井工程服务提高到了一个新的技术高度，为开采复杂地质油藏提供新的技术支持。

3. 系统组成

随钻电阻率测量系统由地面设备和井下仪器组成。井下仪器如图4-32所示。

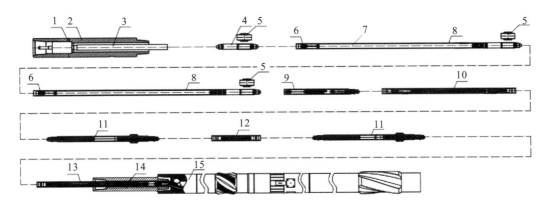

1. 定向螺栓；2. 悬挂钻链；3. APS 脉冲器；4. 双公扶正器；5. 扶正器胶套；6. 电池连接线；7. 电池；8. 电池筒；9. 振动检测转换短节；10. 探管；11. 加长杆；12. 调整短节；13. 无线接收短节；14. 无线发射短节；15. 电阻率总成。

图 4-32 随钻电阻率测量系统井下仪器连接示意图

4. 技术指标

工作温度：0~125℃；承压：120MPa；仪器长度：7681mm；垂直分辨率：8in；最小测量周期：8s；连续工作时间：≥200h；最大狗腿度：9°/30m（旋转），16°/30m（滑动）；相位电阻率：0.1~3000Ω·m（2MHz）或 0.1~1000Ω·m（400kHz）；幅度电阻率：0.1~500Ω·m（2MHz）或 1~200Ω·m（400kHz）。

5. 仪器特点

（1）双频设计，对称补偿测量，消除系统误差及井眼影响。

（2）双源距设计，避免了仪器偏心及介电效应的影响。

（3）可以提供幅度电阻率和相位电阻率 8 条曲线。

（4）刻度清晰，消除了通信误差影响。

（5）可以提供真实幅度比和相位差信息。

（6）模块化设计，仪器维护方便快捷。

（7）可扩展性强，电池供电和发电机供电可选。

（8）可以根据客户的要求挂方位伽马。

（9）通信方式可以是 M30 和单总线可选配置。

（10）操作软件可视化，曲线显示专业化。

6. 现场应用

（1）2015 年 5 月 14 日—5 月 18 日，电磁波电阻率系统在保定市进行试验。

（2）甲方：渤海钻探。

（3）井队：渤海 50001 队。

（4）井名：淀 32-4x。

（5）井眼尺寸：215.9mm。

（6）钻具组合：215.9bit×0.35+172mm screw×9m+fitting joint×0.47+178mm resistivity×11.03+165mm non-magnetic+weighted drill stem 7 column+drill pipe。

(7) 泥浆密度：1.03g/cm³。
(8) 泥浆黏度：38MPa·s。
(9) pH 值：9。
(10) 排量：34L/s。

随钻测量数据分析，如图 4-33 所示：①LHE-LWD 电阻率所测所有幅度电阻率和相位电阻率曲线具有很好的一致性。②幅度电阻率与相位电阻率吻合，说明电阻率转换方法准确可靠性。

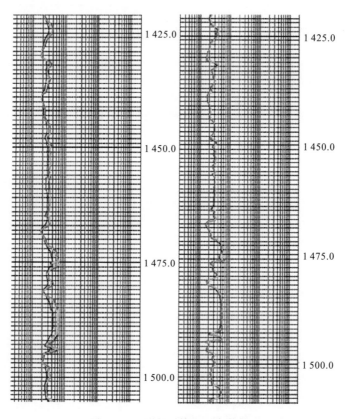

图 4-33 测量系统电阻率数据

第四节 绳索取心孔内仪器研制实例

绳索取心钻进是指在钻进过程中，当岩心充满岩心管后，不需提钻取岩心，而是以钻杆为通道，借助于绳索和专用打捞工具，把钻进过程中储存于内岩心管中的岩心提升到孔外的取心钻进方法（图 4-34）。这种方法不需要将钻杆提升到孔外，极大地减少了起下钻具的时间。据统计，在金刚石岩心钻进过程中，升降钻具工序约占全部生产时间的 30%～40%，而且随孔深的增加辅助时间更长。为了增加纯钻进时间，提高钻进效率，采用绳索取心钻进是最有效的途径之一。

把孔内参数的测量技术融入绳索取心工艺，不仅能快速获得孔内参数，减少专门的测试工序，而且利用绳索取心钻柱来进行测量增加了仪器的安全性。

图4-35a为随钻测量连接方式：在钻进状态时，仪器可安装于内管总成的上方，通过连接头连接成一体，和内管总成一体形成仪器复合式内管，可以随钻检测动态温度、静态温度、振动、顶角、压力降、转速等参数，检测参数可采用存储模块储存起来，到地表进行数据回放分析，也可以采用MWD传输到地表。图4-35b为回次打捞连接方式：送内管或打捞内管状态，仪器置于打捞总成上，带有仪器扶正装置，可测量钻孔内不同位置的顶角、温度、泥浆压力等参数。图4-35c为钻具外测量连接方式：是克服钻杆柱铁质材料对孔内参数影响的一种检测状态，除了检测温度、顶角等信号外，可检测钻孔方位角和地层参数

图4-34 现场应用

等指标。当需要进行孔内参数测试时，提出内管总成，将仪器安装于无磁体或其他材料的前部，并将仪器伸出绳索钻杆之外一定距离（复合测试规范），通过钻头等部位的扶正，可以测量相关孔内信息。

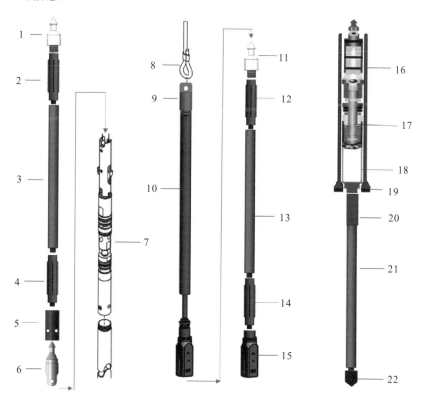

a.随钻测量连接方式　　b.回次打捞连接方式　　c.钻具外测量连接方式

1、11.仪器矛头；2、12.上扶正器；3、13、21.探管；4、14.下扶正器；5.扦插式连接头；6.内管矛头；7、17.内管总成；8.钢丝绳接头；9.绳接头；10.打捞器总成；15.打捞架；16.外管总成；18.内管；19.变径接头；20.无磁加长杆；22.导向锥。

图4-35 基于绳索取心的孔内测试技术

一、角度参数的检测

研究的角度参数包括顶角、方位角等传感器。顶角传感器选用二维重力加速度传感器，方位角传感器采用磁阻式方位角传感器，型号为 Honeywell HMC2003。

角度的测试原理如图 4-36 所示。它包括信号的测量、模数转换和数值计算，角度传感器组把几何参数转变成模拟量，再通过 A/D 转换器转变成单片机系统能计算的数字量，最后经过数值计算，求出各角度参数。测试精度与 3 个部分都直接相关，但信号测量环节最为关键（图 4-36）。

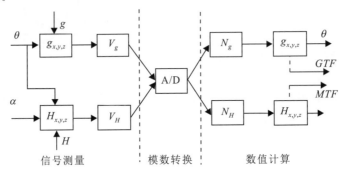

图 4-36　角度参数的测试原理

二、孔内温度的检测

孔内温度的测试通常都是在泥浆中进行，实际上的测试值为泥浆与周围地层进行热交换后的温度，是静态的温度测量。如果孔内仪器设计时考虑仪器测温的动态响应能力，加上一些辅助工艺措施就能够准确测试深孔内岩层本身的温度梯度分布，由此可以得出很多有价值的信息。

泥浆与地层热交换所形成的静态温度在测试原理上并不复杂，只需考虑测试装置的密封性和电路本身的温度漂移就可以测试出准确的泥浆温度。相比较而言，泥浆温度的动态测试显得更加重要，它虽然测试的是泥浆温度，但能间接反映地层的温度场和温度梯度。如果泥浆循环突然停止，那么就可以测试泥浆的温度变化情况，反映的是地层的温度高低和热传递的快慢；泥浆温度沿孔的深度方向上是逐渐升高的，它也间接反映地层温度场情况，通过仪器随深度方向的变化幅度能掌握地层沿深度方向上的温度规律。另外，当钻孔漏失或涌水时，孔内温度的变化会有明显的突变，通过突变温度点位置的确定，可以准确地对应孔深。这些工作的开展对钻井安全和地学研究具有较大的价值。

因此，研究目标是在满足静态测试要求的情况下，力求提高测温系统的测试精度和动态响应能力。但是沿深度方向上的连续动态测温具有以下的难点：①仪器本身具有温度，必须尽量减少这个温度对原始温场的影响；②要考虑泥浆自然对流对测温精度的影响；③由于连续测温是动态测温，在探头运动过程中，探头温场还未充分建立，应考虑温度测试的动态响应能力；④为了准确测试一定深度间隔的温度变化，一般精度的测试仪器是没有办法实现的。比如在 1m 深的间隔里温度变化只有 0.03℃。这样的测试精度是很难实现的。从标准计量角度来看，目前的各种电测型测温仪的精度要突破 0.01℃，难度相当大。除了仪器本身的因素以外,还有一个标定设备的再研制问题;⑤恶劣的孔中环境又要求探头具有一定的强度,与降低时间常数是矛盾的。

连续测温必须消除探头时间常数的影响,任何温度传感器都需要一定的热平衡时间,等到传感器与待测温度一致时才能读数。理论上规定从测温开始到能反映待测温度63%时所用的时间为探头的时间常数。对于时间响应为指数规律的温度探头,它的时间常数下定义为:

$$T = T_0(1 - e^{-\frac{t}{\tau}}) \tag{4-1}$$

式中,T 为仪器指示温度;T_0 为待测温度;t 为所用时间;τ 为时间常数。

可以计算传感器的反应能力如下:1τ 时,$0.632T_0$;2τ 时,$0.865T_0$;3τ 时,$0.950T_0$;8τ 时,$0.999T_0$;10τ 时,$1.0T_0$。

从以上数值可以看出,要达到95%的测量精度需要3倍的时间常数的测量时间。因此为了不过多地影响测试精度,必须减少时间常数,提高传感器的动态响应能力。同时还要注意采样频率的匹配问题。设正常地温场温度梯度为0.03℃/m,探头下降速度为10m/min,每2s采一次样,采样距离为30cm左右。大约是每2s要区分出0.01℃的温度差。设探头时间常数为0.4s,则在2s内(相当于5τ)测出0.01℃的变化还是可以的。因此用于测温的探头要求在2s内测出外界0.01℃的温差,这个探头的时间常数不能大于0.4s。以此为基础可以进行传感器的选型工作。

温度式传感器中,热电偶虽然测量范围大,但在检测中低温时灵敏度低;热敏电阻制作的传感器,在较窄的温度范围内检测灵敏度高,在微小温度差的测量方面极其有用,但输出值的线性度差,检测时需要线性补偿;IC温度传感器的分散性大,互换性差。而铂(Pt)测温电阻的电阻温度系数分散性小,精度高,灵敏度也比较高,在1000℃以内测温时,重复性好,是选择的对象。

基于以上分析,中国地质大学(武汉)深部钻探课题组和北京六合伟业科技股份有限公司联合开发了一种基于绳索取心工艺的孔内仪器。主要技术指标如下。

(1) 工作电压:7.2V。

(2) 井斜:(0°~180°)±0.1°@0~125℃。

(3) (0°~180°)±1°@125~150℃。

(4) 温度:(0~150℃)±1℃。

(5) 耐温:0~150℃。

(6) 仪器外径:45mm,满足S75/S95/S122等绳索取心工艺要求。

(7) 工作模式:内管打捞式、随钻式测量。

(8) 工作时间:≥6h。

(9) 未来扩展参数:震动、转速(电子陀螺)、孔底循环压力等。

该绳索式测温仪器短节由探管短节和电池短节组成(图4-37),探管短节和电池短节独立包装,测试前将两短节组装连接可靠(图4-38)。

它的结构组成如下。

(1) 下接头:连接下部仪器,同时接轴向缓冲器和抗压外筒,材料铍青铜TBe2。

(2) 轴向缓冲器:借用LHE6512-0100。

(3) 抗压外筒:材料为TC4;内、外径及扣型参考"LHE6517-02"伽马外筒。

(4) 机芯:由扇区传感器及其电路板、LHE6518-20a电路、骨架组成,骨架材质选用

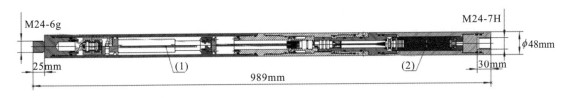

图 4-37　绳索式测温短节整机连接

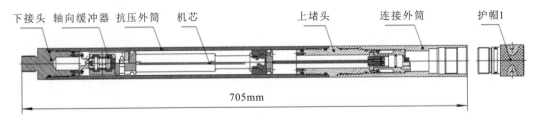

图 4-38　探管短节结构示意图

铝合金 7A06，参考"LHE6670C-0202 电路板支架"，增加"LHE6518-20a-00 高温探管电路板组件"的安装槽，并预留震动、转速的安装槽。

（5）上堵头：借用 T900035-04 上堵头，材料为 C17200。

（6）连接外筒及十芯座套：借用 T900035-07 转接外筒及 LHE6512-0445 度十芯插头座。

该部分由由壬、电池接头、电池外筒、电池组、压紧垫、上接头等组成，电池接头左半部分与扶正器芯杆相同，它的组装半环和由壬后与探管组件连接，电池外筒材料为 TC4，压紧垫选用硬度为 85 的氟橡胶，上接头拧紧后压紧（图 4-39）。

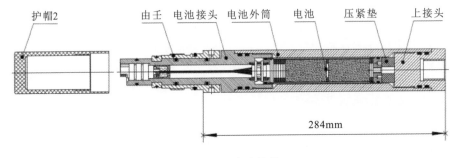

图 4-39　电池结构

安装时，电池做成单独的电池组，一端装有十五芯微矩形连接器；装入承压外筒后，十五芯微矩形连接器和电池接头上的进行对插，安装压紧垫，上接头拧紧后压紧电池组，电池短节组装完成后，通过由壬与探管组件组装与拆卸，与 65 系列扶正器组装拆卸相同。更换电池组方法：将上接头拆掉，用专用工装拔出电池组，更换新的电池组，用上接头压紧，同时使用"《液压气动 O 型橡胶密封圈》（GBT 3452.1—2005）"进行径向减震。

三、小口径随钻测量系统

小口径随钻测量系统是用于地质岩心的提取。图 4-40 为某随钻测量仪器的总体装配图和零部件图。上部的泥浆脉冲发生器 1 设计了锥形结构，悬挂在悬挂钻杆的锥形结构上，使用密封圈密封，使泥浆只能通过脉冲发生器内部，避免泥浆流经脉冲发生器和悬挂钻杆之间，而造成泥浆脉冲压力不足，使得信号减弱。下部采用连接结构 9 与 10 使用圆柱销连接绳索取心内管总成，如图 4-41 所示，方便拆卸与安装。连接结构 10 可以上下浮动，保证钻进过程中绳索取心内管向上窜动时不影响随钻测量仪器的密封。整套装置采用绳索取心钻具内管总成的弹卡进行上部限位。上部泥浆脉冲发生器设计了捞矛头结构，使得随钻测量仪器和绳索取心内管总成可以一起被打捞上来。

1. 脉冲发生器；2. 密封圈；3. 仪器外壳；4. 电池；
5. 悬挂钻杆；6. 仪器外壳；7. 封装电路板；8. 扶正器；9 连接结构上；10. 连接结构下。

图 4-40 仪器装配图和零部件图

1. 圆柱销；2. 弹卡。

图 4-41 随钻仪器与绳索取心钻具连接图

孔内仪器总成包括悬挂短接（与外管相连）、仪器矛头、锥形悬挂头、脉冲发生器短节、电池筒短节、探管短节、绳索内管连接头，图 4-42 和图 4-43 所示为孔内仪器主要部件。图 4-44 为孔内仪器与内管连接总成示意图。

脉冲发生器短节：按照探管短节发来的脉冲序列控制电磁阀的吸合动作，并利用循环的泥浆使阀芯产生同步的运动而形成一定的泥浆正脉冲序列。

探管短节：仪器内部安装有多维重力加速度计、陀螺、压力传感器、温度传感器等，采集孔内相关参数并编码为一定序列的数据串，来驱动脉冲发生器短节电磁阀的吸合动作，内置大容量存储器，对井下数据进行存储并记录，当与 PC 机连接时，可进行数据回放和数据分析。

电池筒短节：由 8 节电压为 3.6V 的耐高温锂电池串联组成，为孔内的测量提供必要的能量。

通过地面的接收软件对泥浆脉冲信号进行处理从而恢复井下信息。图 4-45 所示为恢复的井下脉冲信号。

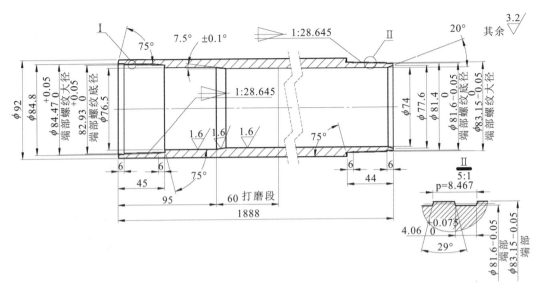

图 4-42 仪器悬挂短接（与外管相连）（长度单位：mm）

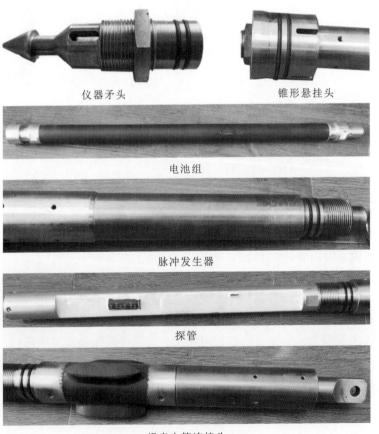

图 4-43 孔内仪器主要部件图

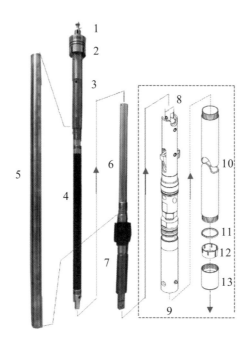

1. 仪器打捞头；2. 锥形悬挂头；3. 脉冲发生器；4. 电池筒短节；5. 仪器舱；6. 探管短节；7. 绳索内管连接头；8. 内管总成（上）；9. 单动机构；10. 内管；11. 挡圈；12. 卡簧；13. 卡簧座。

图 4-44 孔内仪器与内管连接总成示意图

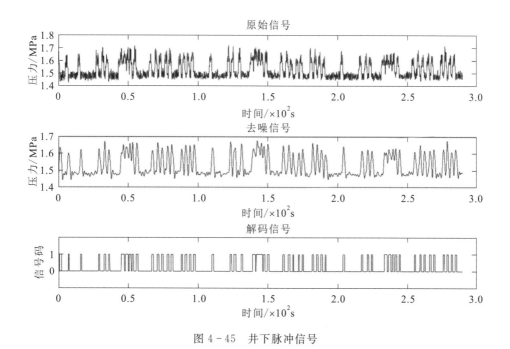

图 4-45 井下脉冲信号

第五节 非开挖导向控制技术

在导向钻进非开挖铺管工程中,导航仪是关键的技术硬件。只有通过导航仪,才可以准确地知道当前地下钻头的深度和位置(简称深位)、钻头的俯仰角和导向的钻具面角,而这三项数据正是控制非开挖铺管导向钻进按人们预定轨迹前行的重要参数。

目前已有一些不同类型的专用于非开挖铺管导向钻进的导航仪,按地下信号传递到地面的方式可分为有线式和无线式两大类。

在非开挖技术中无线式导航仪应用最为普遍。无线导航系统由地下导航探头、手持式地面跟踪仪和远程同步监视器3个部分组成,其中导航仪是控制钻进方向的"地下眼睛",无线式导航仪工作原理如图4-46所示。

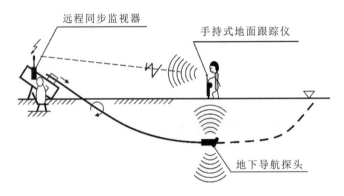

图4-46 一种无线式导航仪工作原理示意图

有些非开挖导航仪不仅具有地下钻头的深度和位置、钻头的俯仰角、导向的钻具面角这三项必要参数的探测功能,还辅有钻头方位角、钻具温度、孔内液压力、孔内仪器电源电量、原有地下管线等探测功能。

目前国内外已开发专用于非开挖铺管导向钻进的导航仪。有线式是将钻头方位角、俯仰角、钻具面角等在地下探测到的信号用电缆传输到地面;无线式则是用电磁波等方式向地面无线发射地下信号。

两种方式比较:有线式的信号传输抗干扰性强,不受深度限制,但电缆线的安装和现场操作难度大,且钻头深位必须采用间接计算法得到;无线式可以直接探测到包括钻头深位在内的所有地下信号,操作便利,但地下发射机制作技术难度大,信号传递距离有限,且在使用过程中易受干扰。

一、有线式导航仪

目前,在钻孔距离地面深度大于20m、在跟踪测量路线上有地面障碍物、周围环境有明显磁性干扰的情况下测往往采用有线式随钻测量系统。一般地,无线式多用于较浅的非开挖铺管工程,轨迹控制精度高,如穿越马路等。有线式主要用在大深度、长距离、见靶精度不是很高的场合,如过江、河或大型穿越工程。对接穿越技术示意图如图4-47所示,实际工程应用上,以德国易北河定向钻进穿越为例,它的工程长度为2626 m,铺设管径350mm的输油 PE，两台回拖力分别为 344t 和 255t 的定向钻机在河的两岸，两管在河的中间会合。会合点距北岸 2100m，距南岸 526m。会合点水深 40m。纯钻进时间 6 周，回拖扩孔后的孔径为 450mm。图 4-48 所示为滨海穿越工程，它的导向孔钻进钻具为 17-1/2″（444.5mm）硬质合金镶齿牙轮钻头＋9-5/8″螺杆马达（1.8°弯角），采用有线方式导向。

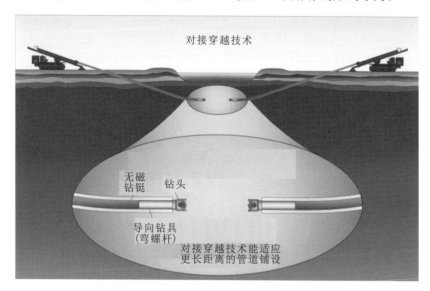

图 4-47 对接穿越技术示意图

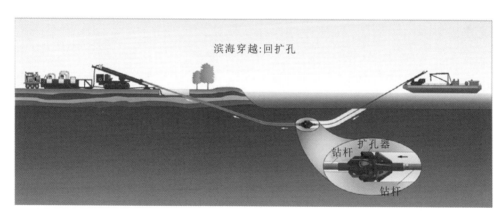

图 4-48 滨海穿越示意图

应该说，非开挖铺管导航仪是应非开挖工程所需，吸收定向钻进技术、地球物理探测技术和现代电子技术而发展起来的一类仪器系统。在定向钻进领域，经常将偏心楔或带弯外管（dogleg）的螺杆钻与多种类型的钻孔斜角、钻具面角和方位角测量仪器相结合进行控向钻进；而在地球物理探测领域有应用电磁定位原理，用于确定已埋地下管线位置并估计其埋设深度的管线定位器（pipe locator）；有通过向地下发送无线电波（300M～500MHz）并用接收器记录反射波，探测地下埋设物体和其他目标引起的地下异常的探地雷达（ground penetrating radar）；有与探地雷达的原理相似，只不过用压力波代替了电磁波的地震测量（seismic survey）。

有线式导航仪用于深度较大、无法行走定位、强干扰地区或定位时间较长的场合。有线式导航仪虽然能将孔底探测到的俯仰角、方位角、钻具面角等参数通过导线传输到地面，但是对于钻头的当前深度和位置，因它无测距功能，只能通过对俯仰角和方位角的间接计算得到。钻孔空间轨迹计算原理如图4-49所示（符碧犀等，2012）。

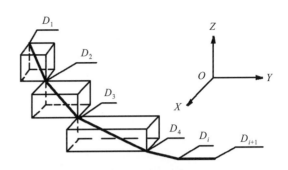

图4-49 钻孔空间轨迹计算原理图

以已钻钻孔轨迹上的某已知点D_1(X_0, Y_0, Z_0)（常取开孔位置）为原点，利用已钻轨迹上所测得的若干组俯仰角和方位角数据(θ_i, α_i)，通过一定的空间几何关系，计算单位进尺地下空间钻头的位置D_i(X_i, Y_i, Z_i)，逐步递推到当前钻头所处的位置(X, Y, Z)。设钻孔孔口为相对坐标系原点O，开孔方位方向为X轴正方向，逆时针旋转90°为Y轴正方向，垂直向上为Z轴正方向。当测量好钻孔的深度、倾角、方位角后，利用均角全距法计算钻孔各测点坐标，空间几何关系的表达式为：

$$\Delta X = \Delta L \cos(\theta_i + \theta_{i+1}) \cos\left(\frac{\alpha_i + \alpha_{i+1}}{2}\right) \tag{4-2}$$

$$\Delta Y = \Delta L \cos(\theta_i + \theta_{i+1}) \sin\left(\frac{\alpha_i + \alpha_{i+1}}{2}\right) \tag{4-3}$$

$$\Delta Z = \Delta L \sin(\frac{\theta_i + \theta_{i+1}}{2}) \tag{4-4}$$

式中，θ_i、θ_{i+1}、α_i、α_{i+1}分别为相邻两测点；ΔL为A、B两点的间距。

也可以利用钻孔轨迹模拟程序直接输入测量数据，输出钻孔轨迹。显然，这一间接计算结果的精度受数据点(θ_i, α_i)组数N的影响很大，N越大，计算越精确。一般用较高速度的检测系统加之处理较密集采样点的运算程序，就可以满足导向钻进速度下的计算精度要求。

有线传感器需要一种特别的后装式舱体，舱体端部具有一个堵头，使传感器的电缆能够伸出舱体，堵头需要有一个压合接头来密封传感器使泥浆不至于渗入。有线传感器后面有两个螺纹孔，便于插入和拔出舱体，当有线传感器正确放入舱体后，接地连线会自动通过钻机接地，接地点是金属后盖。当在舱体之外测试有线传感器时，可以取一段电缆，然后将电缆的一端接触电池的负极，另一端接触有线传感器的金属后盖来制造接地连线。有线传感器后部电缆和插拔工具如图4-50所示。

导向钻进时需要采用穿接式钻杆，如图4-51所示，通过钻杆内空中将电缆线从孔底穿接至地面。由于钻进施工中需要不断旋接钻杆，所以电缆需按钻杆长度分段，每段缆线之间用特制的密封插拔接

图4-50 有线传感器后部电缆和插拔工具

头快速连接。使用时，每加接一根钻杆就要穿接一段缆线。当然，在机上钻杆与动力头之间还要设有专门的单动集流环机构。当采用焊接接线时，需要连接的电缆两端擦拭干净，各去除 50mm 线皮，用铜接线管连接，压线钳将铜接线管三点压紧，再套上双层热缩管，热缩密封。有缆导向仪接线图如图 4-52 所示。

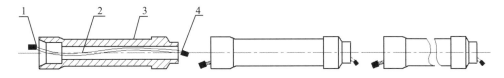

1. 上连接接头；2. 电缆；3. 钻杆；4. 下连接接头。

图 4-51 穿接式钻杆电缆连接示意图

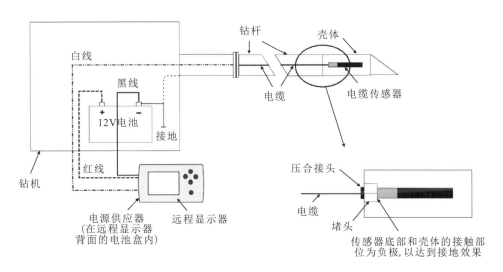

图 4-52 有缆导向仪接线图

二、无线式导航仪

1. 无线式导航仪的结构

非开挖无线式导航仪是由地球物理探测仪器发展起来的，英国和美国等发达国家走在前列，仪器改进和提高的重点都是放在测深功能、输出功能、抗干扰能力和轻便化方面，输出功能也从指针显示改进到液晶显示，同时都具有智能化的直读测深功能。

常用的地下导航仪有美国 Digital Control 公司生产的 Digitrak 系统、英国 Radiodetection 公司生产的 Drill Track 系统和美国 Ditch Witch 公司生产的 Subsite 系统等。图 4-53 所示为一套 Radiodetection 导航仪 3 个部分外观图（刘国华等，2004）。

由于非开挖的施工条件和环境相对于以电磁原理来工作的导航仪来说是恶劣的，施工地区往往存在着种种干扰，如电力和电话电缆、交通信号回路、其他能发出电磁信号或产生电磁场的干扰源，以及金属管道、钢板护栏、钢筋混凝土、盐水等都会使来自发射器的信号失真。又由于在复杂的地下管网下，要实现避障碍穿越，这就对导航仪提出了高的性能要求，

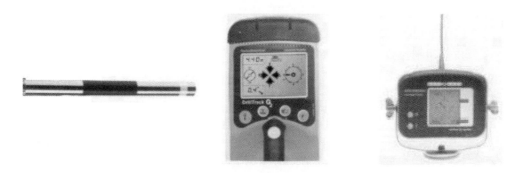

图 4-53 Radiodetection 导航仪 3 个组成部分的外观图

要求导航仪具有非常高的精度，好的工作稳定性、可靠性和抗干扰性。目前有的仪器采用双频发射器，可以在孔内改变发射频率，发出更强的信号，提高抗干扰性能，可将测量深度增加到 20m 以上。

常用的无线式非开挖导航仪主要由地下探头、手持式地面跟踪仪和远程同步监视器三大部分组成。

1) 地下探头

探头内装有传感器、编码器、发射器、电源等，如图 4-54 所示。置于导向钻头内部的传感器把钻头的状态信息

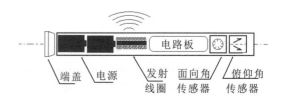

图 4-54 地下探头内部结构示意图

（如俯仰角、工具面向角）和其他有用信息（如电池电量、温度）检测出来，按一定规律编码，并把有用信号调制到电磁波上，通过内部发射器传到地表，由地面接收机将信号译码并显示出来。电磁波频率一般为 8~33 000Hz，探头直径一般为 0~40mm，长 0~400mm。电源多用碱性干电池，寿命为 12~20h。为延长电池使用寿命、降低探头发热量、减少孔内事故，一般探头内有一套自我保护系统，它使探头连续工作一段时间后自动关闭、休眠，此外还有强振动状态下自动关闭等自我保护功能。

2) 手持式地面跟踪仪

手持式地面跟踪机是接收探头信号的地面跟踪仪器，由解码器、微处理器、显示器等组成。用来探明地下探头发射出的电磁波信号的具体位置，并对接收到的信号进行滤波、放大、整形、解码、运算等处理，得到探头的定位和定深信号。接收机还配有同步发射器，将从探头接收的信息再发射出去，使同步显示器也同时得到孔内信息，以便及时调整参数，减少信息传递失误。接收机也是该仪器最关键的部件之一，它的精度、误码率决定了整个仪器的性能。

3) 远程同步监视器

远程同步监视器，又称为同步器，放置在钻机旁显示孔内信息，由信号接收模块和显示器组成。钻头内的探头信号通过手持式地面跟踪仪处理之后，运用射频发送方式，把信号第二次发射到同步监视器，同步器实时显示出探头状态信号，供司钻人员及时观察、掌握钻头状态信息并进行控制。同步器显示的内容一般有钻头工具面向角、俯仰角、某点深度信号及同步器自身电池电量信号等。显示器多为液晶数码显示，直观方便。

美国数字控制 DCI 公司生产的导航定位系统包括 Mark Ⅲ、Mark Ⅴ、Eclipse（图 4-55）等系列产品。基本性能如表 4-5 所示。其中 Mark Ⅴ 定位系统是一种双频率系统，是为了克服被动和主动干扰源而设计的。被动干扰源，例如由钢筋引起的干扰，可以通

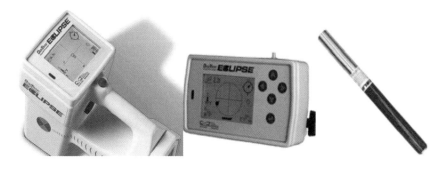

图 4-55　DigiTrak Eclipse 导航定位仪的外貌图

过使用第二频率来消除，那是一个新的极低频率。新的接收器回路可以大幅减低由电线和交通号志线圈所引起的干扰，同时可以显著增加传感器资料更新的速率。频率可以在地表设置和变更，也可以在钻进过程中变更。Digitrak Mark Ⅴ 接收器提供了简单易懂的图形显示，包括"目标入方框（target-in-the-box）"定位功能，图形显示能引导如何移动接收器来寻找定位点，如何找到传感器正上方或侧边的位置，以及如何在钻头前面得知预测深度。"目标入方框"定位功能是指在显示窗口的中央有一个方框，代表接收器，当操作员移向一个定位点时，一个目标记号（代表定位点）会出现在显示屏幕上。当接收器移至定位点的正上方时，目标记号也会移至方框中。要寻找定位点，只要移动接收器，使代表定位点的目标移至方框的中心。将方框在定位点上旋转 90°可以精确找出定位点的左/右位置。当接近钻头时，在显示屏幕上会出现一条直线；一旦直线移至方框内，就表示接收器在传感器正上方。直线也可以用来偏轨定位，当无法接近钻头时，此项功能特别有用。所有的 Mark Ⅲ 和 Mark Ⅳ 系统都可以升级为 Mark Ⅴ 系统。

表 4-5　Mark 系列主要技术性能

型号	主频/kHz	探测深度（根据数据探头）/m	抗干扰类型
MarkⅢ	33	15	
MarkⅤ	1.5/33	13.7	抗主、被动干扰
Digitrak（r）Eclipse（r）	12.5	9	抗主动干扰

DigiTrak Eclipse 接收器和 Mark 系列的接收器一样，当找到前向定位点时，就可以确知左/右方向和钻头的预测深度，而不需要停止钻进工作。站在钻头前方，可以用前瞻（look-ahead）定位法来驱动或控制钻头。仪器也具有目标入方框的定位功能。另外，DigiTrak Eclipse 系统远程操作时，可以将目标深度载入程序中。目标和十字丝的显示可以帮助操作员达到准确的深度和钻头的左/右定位。Eclipse 接收器所用的是标准 DigiTrak 镍镉电池组和充电器。Eclipse 探头传感器和 Mark 系列的 DigiTrak 探头大小一样，因此使用 Eclipse 系统不需要更换钻头。

DigiTrak F5 系统的传感器选项包括 5 个频率选项（1.3kHz、8.4kHz、12kHz、18.5kHz、19.2kHz）、双频传感器和一个电缆传感器，还包括用于监测导向孔环空泥浆压力的压力传感器、用来监测扩孔钻头与被拉物之间回拖力的拉力传感器，一个用于操作人员遇到无法逾越的障碍时使用的地磁传感器。F5 传感器以 0.1% 或 0.1°递增方式（0%～100%或 0°～45°）提供倾角读数，面向角显示为 24 点钟位置，精度更高。

2. 非开挖无线导航仪基本原理

为了解析非开挖无线导航仪数据传输模式，本节介绍中国地质大学（武汉）研制的非开挖无线导航仪基本原理。图 4-56 为调制式发送钻孔信号原理，属数字信号调制的一种类型（ASK），把钻头俯仰角、面向角、钻头温度的电量通过传感器转变成电信号后，再进行编码，形成一定映射关系的二值码，并把该信息作为调制信号，去调制一定频率的电磁波。通过定功率发射线圈向地面发送。如图 4-57 所示，a、b 分别为探头发射码和地表跟踪器接收、放大、滤波后解调出的对应码信号。码信号再按编码规律进行解码，还原出各参数的量值，并实时显示出来。

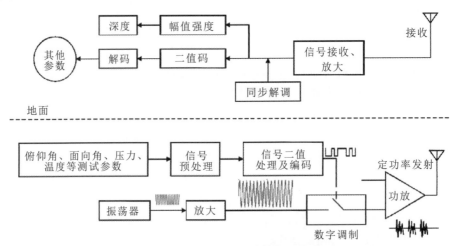

图 4-56 调制式发送钻孔信号原理

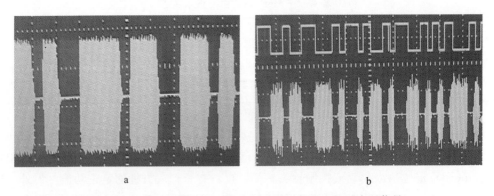

图 4-57 探头发射码 a 和地表跟踪器 b 解调出的对应码信号

为了把解调处理后形成的二值码还原成真实的参数，软件上采取了一定规律的编码方法，如图 4-58 所示，将代表参数种类的信息作为地址，后面紧接参数的示值大小，接收机接收到码信号后，首先识别地址，再读入相应的参数量，依此类推，得到相应的导航参数。

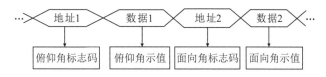

图 4-58　导航参数编码基本原理

仪器软件以采集的数据为核心，运用数据处理的方法，使数据精确、图形输出直观，极大地方便用户进行导向和纠偏。

三、地下探头定位原理

目前，对地下探头或管线进行定位、定深的方法有多种。现场常用的定位原理有信号极值法和两点一线法。

1. 信号极值法

信号极值法分为极大值法和极小值法，即利用探头等的正上方电磁场的水平分量最大（极大）而垂直分量最小（极小）的定位方法。一般地，地面接收机内有两个平行的接收线圈，两个线圈距离为一定值（如 $l=0.4\mathrm{m}$），当接收机处于探头等的正上方时，两个接收线圈所测得的水平分量具有极大值。设在横剖面上测量磁场水平分量的垂直梯度为 $\Delta \boldsymbol{H}_X$，利用 $\Delta \boldsymbol{H}_X = \Delta \boldsymbol{H}_{X,\max}$ 的点（峰值点）确定探头的平面位置（即定位）。确定探头等的埋深时，可以通过磁场水平 HX 曲线半幅点间的距离 $2h$ 的关系确定探头的中心埋深 h；在两接收天线条件下，则由下式确定探头等的埋深 h。

$$h = \frac{\boldsymbol{H}_{X_2,\max}}{\boldsymbol{H}_{X_1,\max} - \boldsymbol{H}_{X_2,\max}} l \tag{4-5}$$

式中，$\boldsymbol{H}_{X_2,\max}$、$\boldsymbol{H}_{X_1,\max}$ 分别为顶部线圈、下部线圈所测得的水平分量极值；l 为两线圈距离。

2. "两点一线"法

"两点一线"定位法是利用"×"结构的两根交叉天线的原理进行定位的。如图 4-59 所示，接收机共有 3 根天线。靠近接收机底部有一根天线，用来接收地下探头的工具面向角、俯仰角、电池及温度状况信息等；接收器显示窗下面是"×"结构的定位天线，该结构的两根天线互相垂直，且与接收器所放置的地面都呈 45°夹角。一般地，地下探头磁棒发射的信号场呈椭圆形，如图 4-60 所示，该椭圆形信号场与"×"结构的天线共同作用进行定

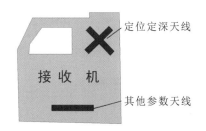

图 4-59　某接收机内部天线布置图

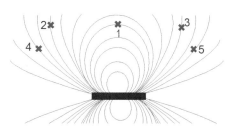

图 4-60　地下探头磁棒发射的信号场

位。"两点一线"即为"×"形交叉天线进行信号处理后的两个特殊点（位于探头延伸位置上的正前方和正后方的两个点）和探头正上方垂直于探头体的一条特殊线，根据这两个特殊点和一条特殊线可以实现地下探头的准确定位，而不仅仅是利用峰值信号进行定位。

探头电磁场由许多磁力线组成，"×"形天线位于场中。磁力线相当于水流，天线好比管道。如果水流与管道平行，所有水流将流过管道，如果管道与水流垂直，水将不能流入管道。磁力线与天线原理类似，如图 4-60 中点 4、5 位置和图 4-61a、b 所示，当磁力线与某一天线平行时，该天线可以读取所有磁力线，而另一垂直相交的天线，接收的信号接近为 0；如果磁力线自立穿过两根交叉天线，两根天线会各读取信号的 50%，如图 4-60 点 2、3 位置和图 4-61d 所示，有两个特殊点位置会发生这种情况，一个是探头延伸线后上方的后向负定位点；另一个是探头延伸线前上方的前向负定位点。这两点位置相当特殊，因为对这两点定位时，与探头的信号强度无关；如果磁力线水平穿过两根交叉天线，如图 4-60 正上方点 1 位置和图 4-61c 所示，每根天线会读取该点磁场强度的 50%。有这样特征的点位于探头正上方的一条直线上，而且垂直于探头，一般称为正定位线。此时探头的准确横向位置的定位可以通过前、后向负定位点来确定，即通过前、后的两个负定位点连线与正定位线的交点确定地下探头的位置。另外，也可以通过查找高峰信号来定位。

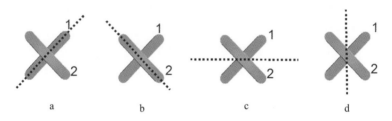

图 4-61 "×"形天线与磁力线关系示意图

峰值定位法操作起来较为简单，这里主要介绍"两点一线"定位法的操作过程，如图 4-62 所示"两点一线"的俯视和剖视图。Point1 和 Point2 分别为后、前向负定位特殊点，Line 为正定位线。之所以命名为后、前向负定位点，是因为不管接收机和探头是同向还是反向，在这些点上，接收机视窗显示总是由信号"+"变为信号"－"，即从任何方向接近这两点，信号都会从正值变为负值；而正定位线之所以得名，是因为接收机经过该线时，信号会从负值变为正值。在该线上，探头的正上方信号强度最大。

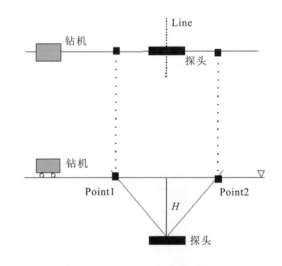

图 4-62 "两点一线"定位法示意图

当地下探头水平时，水平面上的 Point1 和 Point2 到 Line 线的距离相等，探头位置越深，Point1 到 Point2 之间的距离就会越远；当探头倾斜时，Point1 和 Point2 到

Line 线的距离则不等。

从钻机位置定位探头的整个过程简单介绍如下：使接收机处于定位状态，沿钻杆方向走向探头，接收机显示窗口信号强度会增加，当视窗上的信号"＋"变为信号"－"时，就是 Point1 点的径向（前后）位置，在该点前后移动接收机时，正、负号发生互换，要确定该点的横向位置，只需使接收机转动到与钻杆垂直，前后移动接收机，直到正、负号发生互换的位置，这样径向和横向的交点即为探头的 Point1；继续沿钻杆向前走进钻头，信号强度继续增加，当信号"－"变为信号"＋"时，找到正、负号发生交换的位置，这就是 Line 线位置；从 Line 线继续向前，接收机信号强度会降低，当信号"＋"变为信号"－"时，按前面的方法可以准确定位 Point2 点。站在 Point2 点，面向钻机，连接 Point1 和 Point2，这两点构成的轴线会与 Line 线垂直，轴线与 Line 线的交点即为地下探头的准确位置。在该交点测量的深度即为探头的埋深。

四、导向控制技术实例介绍

工程实践中以 Eclipse 系统为例介绍其导向控制技术。Eclipse 接收器的图形显示是以图标来表示读数和系统状态信息。每钻进一根钻杆宜至少采集一次控向数据，并应根据采集的控向数据及时调整控向轨迹。

定位模式显示屏幕上除了显示频道设定值之外，还提供关于传感器温度、频率模式、倾角、面向角及信号强度等实时数据，如图 4-63 所示。深度模式屏幕提供和定位模式屏幕相同的实时资料，同时还会显示超声波高度测量值、传感器深度和接收器及传感器的电池状态，如图 4-64 所示。当按住触发式开关来"锁定"参照信号时，会出现"锁定"符号（字母 R）。

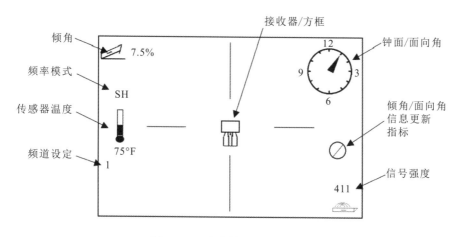

图 4-63 定位模式的屏幕显示

如图 4-65 所示，地下的探头产生的磁场为椭圆形信号场，它与手持仪器的天线起检测磁力线作用并实现定位。在传感器的电磁波范围内有 3 个位置或定点可用来寻找位于地下的传感器，一个在传感器前方（前定位点或 FLP），另一个在传感器后方（后定位点或 RLP），第三个定位位置是代表传感器位置的直线。前向负定位点不管接收机和探头是同向还是反向，在这些点上，接收机视窗显示总是由信号"＋"变为信号"－"，即从任何方向接近这

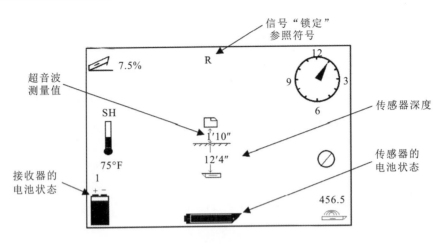

图 4-64 深度显示时的屏幕

两点，信号都会从正值变为负值；而接收机经过正定位线时，信号会从负值变为正值。在该线上，探头的正上方信号强度最大。

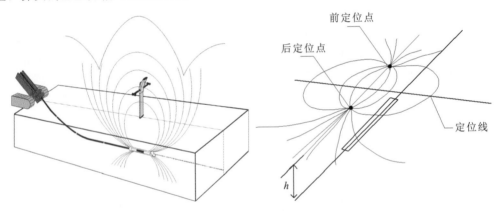

图 4-65 3 个关键位置的传感器磁场线

图 4-66 显示前定位点、后定位点和定位线的俯视（鸟瞰）和侧视几何图形。当传感器呈水平而地表也是水平时，后定位点和前定位点到定位线的距离相等。右边图表显示传感器的倾角为负值或向下时的定位点和定位线几何图，在该种情况下，后定位点和前定位点到定位线的距离不同。Point1 和 Point2 分别为后、前向负定位特殊点。

非开挖导向钻进时，孔内的参数信号和位置信号最为关键，以下为孔内常感器的定位过程。

(1) 从主菜单屏幕中选择"Locate（定位）"选项，点击触发式开关，开始定位程序。这时会出现图 4-67 所示的定位显示屏幕。左图显示定位点（目标）相对于接收器（屏幕中央的方框）的位置。右图显示接收器、传感器和定位点的确实位置。显示后定位点（RLP）是位于接收器的左前方。移动接收器直到目标进入方框为止，如图 4-68 所示。这时接收器的位置就是在后定位点的正上方。

(2) 按住触发式开关至少一秒钟以"锁定"参照信号（此时 R 出现在屏幕的上方，直到

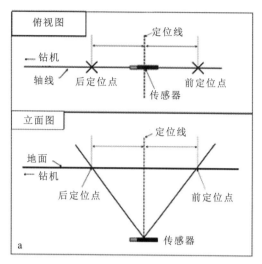 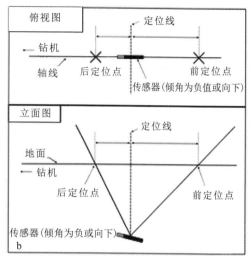

图 4-66　3 个关键位置与传感器关系

a. 传感器和地面呈水平时的前定位点、后定位点和定位线俯视图及侧视图；b. 当传感器的倾角为负值或向下时的前定位点、后定位点和定位线俯视图及侧视图

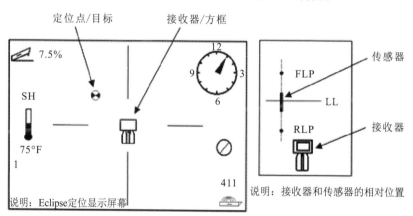

图 4-67　定位时屏幕显示定位点相对于接收器的位置

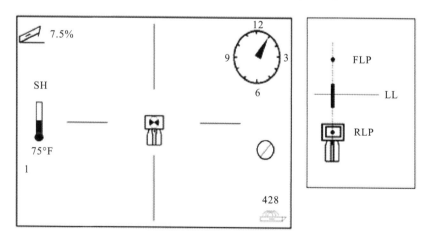

图 4-68　移动到目标框后定位点相对于接收器的位置

放开触发式开关为止)。继续背对钻机朝传感器前进。此时看到目标从方框移到屏幕的下方,然后很快又出现在屏幕上方。之后出现如图 4-69 所示的定位线。

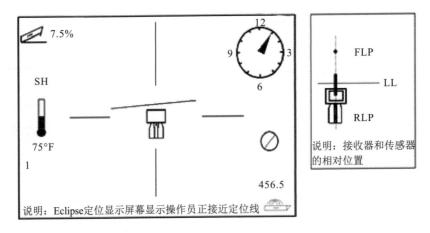

图 4-69　向前进轨迹方向移动后定位线的出现

(3) 移动接收器直到定位线和两个水平横线对齐为止。此时手持仪器所在的位置就是在定位线上。若要找出传感器的确实横向位置,还必须找到前定位点。继续走到传感器前面,并且移动接收器直到目标进入方框内为止,如图 4-70 所示。

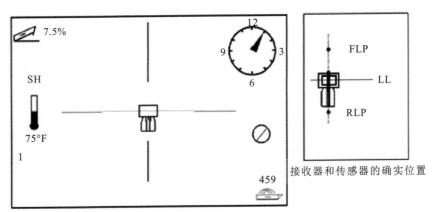

图 4-70　手持接收机所在的位置处于定位线上

(4) 当手持仪器在前定位点上时,按住触发式开关可以查看预测深度(图 4-71 中的预测深度为 11'8″),这是传感器经过前定位点下方时的深度。还可以查看传感器前方的水平距离(8'7″),这是传感器到达预测深度所要走的距离。另外,也可以在接收器的图标下方看到超声波测量值(1'10″),在左下角看到接收器的电池状态。

(5) 当接收机在前定位点上,并且导航员背对钻机时,可以用目测的方法将前定位点和后定位点对齐成一条直线。两点所形成的轴线和定位线垂直。轴线和定位线交叉的地方就是传感器在地面下的位置。将接收器移到交叉处,导航员位于传感器的正上方。如图 4-72 所示,在这个位置上按住触发式开关,就可以看到传感器的深度、超声波测量值和接收器的镍

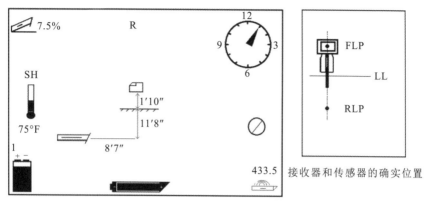

图 4-71　手持接收机所在的位置处于前定位点正上方

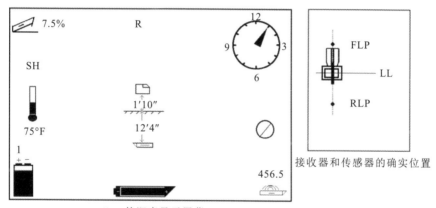

图 4-72　手持接收机在传感探头正上方的测量值

镉电池状态。

第六节　IDS-1500 智能化钻机钻进系统的设计与实现

智能化是钻井设备发展的必然趋势，智能钻井需要实现井下工具的智能化、井上钻井系统的智能化和高速大容量的信息传输通道。目前对钻机实现智能控制是实现智能钻井的一个必要进程。钻机的智能化是指利用传感器技术、现代通信技术、计算机网络技术、软件编程技术等，对主要钻进参数（钻压、转速、泵压、泵量等）采集、分析、存储、二次挖掘形成钻进方案，再通过反馈控制系统实现优化钻进。研制基于反馈控制的智能钻进系统目前难度还较大，因为实现全反馈控制必须依托全面的、大量的、准确的地层数据，井下参数和地表参数的相互融合以及智能专家系统的支持。

智能钻进系统包括自动化和智能化两个环节。自动化环节主要基于高频度、高风险、重载等情况下，实现替代人工进行钻进现场的操作工作。而智能化环节在此基础上更进一步，它通过分析钻进数据并利用算法实现对钻进过程中的智能预判和操作，实现基于地层、设备、工艺上的优化钻进。图4-73所示为自动化和智能化钻机功能模块。

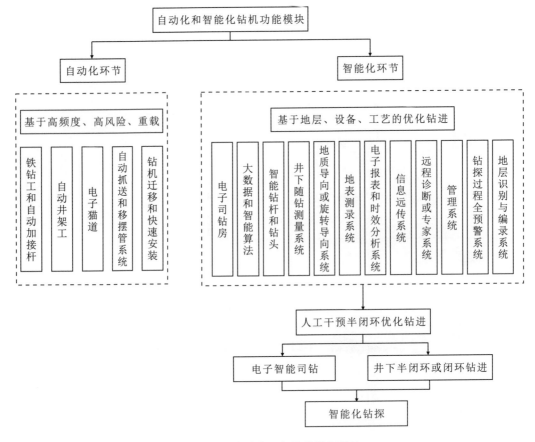

图4-73 自动化和智能化钻探模块

中国地质大学（武汉）目前在建设的智能钻进大数据平台（图4-74），通过对远程井程数据的实时采集和存储来实现对井场的监控与智能操作指令的下发，它的系统主要实现的功能包括工况识别、安全预警、钻进参数智能优化、钻压控制、垂钻纠偏控制及实时与历史数据的显示。

中国地质大学（武汉）研究的"智能化多功能钻进系统"主要包括检测和控制两大部分，检测部分对钻进参数、钻进状况参数进行采集，通过计算机对参数统计分析；控制部分通过人工干预参与钻进的钻进控制，从而达到控制相应工程参数的目的。中心控制台是远程控制的关键，同时将采集来的数据转换成计算机能识别的信号，再将信号送到控制终端。逆向时，计算机发出的指令可以通过数据处理中心（中心控制台），转换生成控制元件执行指令，促使控制元件动作，调整钻机输出性能。控制中心由控制柜、工控机、显示设备、钻机远程操作台、PCI数模转化卡、各种数显表等部件组成。各部件协调完成钻进工程参数检测、钻进参数控制、远程操作钻机、现场办公等工作。智能化多功能钻机远程控制台如图4-75所示。

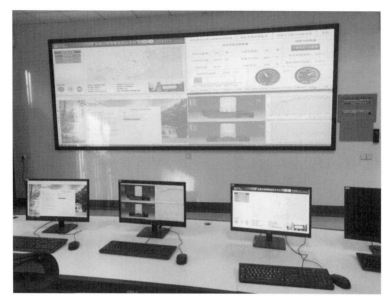

图 4-74 中国地质大学（武汉）智能钻探远程控制与监控系统

图 4-75 IDS-1500 智能化多功能钻机远程控制台

一、IDS-1500 智能化钻机介绍

IDS-1500 智能化钻机为电、机、液一体化的结构。变频电机提供动力、机械传动、辅助液压驱动，可配置高速和低速两种动力头。孔口配置液压夹持器和卸扣装置。其中高速动力头转速范围宽，可适用于硬质合金及高速金刚石等多种钻钻进工艺；低速动力头用于牙轮、潜孔锤、复合片等钻进，具备反循环功能（大通孔、双通道水龙头）。

动力头以变频电动机为输入动力，由变频器的调节控制其输出转速和扭矩；其他辅助动作如动力头的给进和提升、桅杆滑移、桅杆仰俯、钻具的夹持与拧卸、液压绞车等均为液压控制和操作。如配置一套 22kW 的电动机泵站，其中动力头的给进和提升通过桅杆上设置的油缸-链条倍程机构由液压操作阀控制。

该钻机可以通过计算机精确控制钻进参数：转速、钻压、排量等；可采集的钻进参数：

动力头转速、钻进钻压、泥浆泵压力、泥浆排量、机械钻速、钻进扭矩、系统功率消耗、系统压力、系统温度等。

IDS-1500智能化钻机如图4-76所示。整机主要由动力系统、卷扬机（绞车）、动力头、桅杆（塔架）、孔口夹持器、底盘（架）、操纵台、液压系统等部件组成。

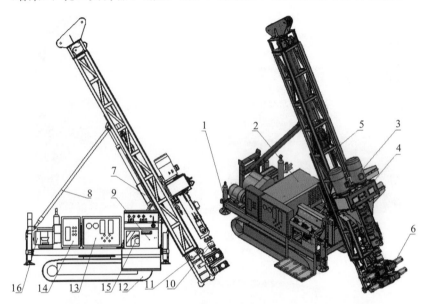

1. 底盘总成；2. 泵站（22kW双联）；3. 双电机；4. 动力头总成；5. 桅杆总成；6. 孔口装置；
7. 支座滑移装置；8. 伸缩撑杆装置；9. 液压控制系统；10. 下导流器；11. 反循环气水龙头；
12. 履带；13. 主电器控制柜；14. 辅电器控制柜；15. 液压绞车；16. 泥浆泵。

图4-76 IDS-1500智能化钻机

钻机具备以下特点：

（1）钻机动力头由变频电动机直接驱动。

（2）钻机辅助功能（动力头的给进、桅杆变角、工具绞车、钻具拧卸等）为液压驱动和控制。

（3）钻机的主要功能随机设置近程电控装置，使得液控、电控任意切换、选择。

（4）钻机的主要钻进参数（转速、钻压、泥浆泵排量等）由计算机精确控制。

（5）钻机配置钻参仪，可采集动力头转速、钻进钻压、泥浆泵压力、泥浆排量、机械钻速、钻进扭矩、系统功率消耗、系统压力、系统温度等钻进参数。

（6）钻机配置液控孔口装置，满足钻具自动拧卸功能。

二、IDS-1500智能化钻机检测与控制系统

IDS-1500智能化钻机检测与控制系统由检测模块、控制模块、输出模块、指令输入和信息处理五大部分组成，基于虚拟仪器技术和变频控制等技术，设计检测与控制系统整体结构如图4-77所示。

IDS-1500钻机控制系统包括两套控制系统：一套为常规的操作台，可以完成钻机所有的操作，包括钻进及其辅助工序的操作以及钻机履带的移动、支腿的起落等；另一套为远程

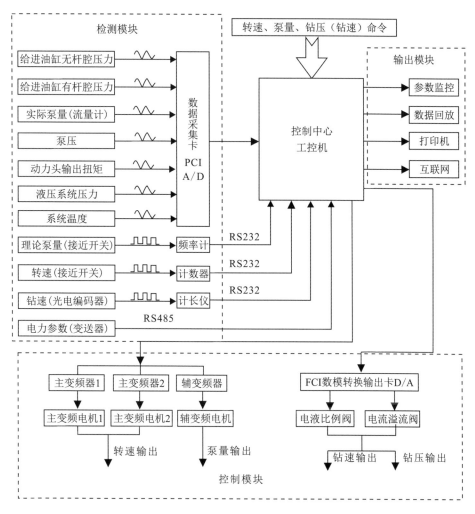

图 4-77 检测与控制系统原理图

控制中心,可以实现钻井工程及其辅助工序的所有操作。本节主要介绍远程控制中心的远程电气控制及以工控机为核心的自动控制系统。远程控制的参数共有 20 多项,其中钻井过程的主要工序如动力头选择、泥浆泵泵量、送钻等有 15 项,辅助工序如冲扣、上下卡盘卡紧等有 10 项,具体控制参数如表 4-6 所示。

钻机通过 PLC 技术、变频控制技术、电液比例技术及计算机控制技术来实现各种信号的控制,实现钻机各个动作的完成。

钻机动力头的输入动力为电动机驱动。液压系统主要为钻机的给进提升、液压绞车、动力头侧移、孔口拧卸装置等主动作及底盘行走、液压支腿、起落桅杆、桅杆滑移等辅助动作提供动力。本系统的油泵选用力士乐 A10V 串联柱塞油泵,结构紧凑而且不需二级传动,并且有输出压力大、效率高、寿命长等特点。液压操纵阀上,主回路选用国外优质品牌"Sauer danfoss"的电控比例阀两组,分别控制履带行走、液压绞车、快速给进、慢速给进、动力头侧移、上下夹持器夹紧、冲扣等动作;并能够实现手动、电磁控制执行元件的功能,

表 4-6 钻进实验台远程控制参数

信号名称		信号类型	信号名称		信号类型
选择就地控制		开关量	给进/起拔动作		开关量
选择远程控制		开关量	给进/起拔速度		模拟量
动力头选择	选择同步	开关量	给进/起拔力		模拟量
	选择1#	开关量	绞车起降	绞车上升	开关量
	选择2#	开关量		绞车下降	开关量
泵站运行		开关量	冲扣动作	冲扣运行	开关量
泥浆泵运行		开关量		冲扣复位	开关量
动力头旋转	动力头正转	开关量	下卡盘动作	下加紧运行	开关量
	动力头反转	开关量		下放松运行	开关量
动力头点动		开关量	上卡盘动作	上加紧运行	开关量
动力头转速		模拟量		上放松运行	开关量
动力头侧移	移进运行	开关量	泥浆泵泵量		模拟量
	移出运行	开关量			

输出速度的调整更加稳定、精确;辅助回路选用国内优质品牌的多路阀,能够实现执行元件输出速度的稳定控制,而且体积小、寿命长。液压系统原理图如图 4-78 所示,钻机主要电气控制系统组成如图 4-79 所示,双电机动力系统的变频控制原理图如图 4-80 所示。

在钻机控制系统中,有钻机转速、泥浆泵泵量、钻压(钻速)几个主要参数实现闭环控制。钻机转速和泥浆泵泵量的控制都是通过变频器控制相应变频电机来实现的。考虑到变频的稳定性、输出特性、抗干扰能力、性价比等因素,选取 1 台安川 HB4A0075 型变频器来控制泥浆泵电机,选取 2 台安川 AB4A0103 型变频器来控制 2 台主回转电机。司钻输出参数命令,工控机接到参数命令后与检测系统的相应检测数据进行比对,若有需要则向变频器发出改变频率的相应命令,变频器控制相应电机实现相应参数的调整,如此反复,直到检测的参数值与命令值相差在允许范围内,最后调整完毕,等待下一命令。具体过程如图 4-81 所示。

泥浆泵变频器控制回路如图 4-82 所示。

钻速和钻压二者只能选择一个作为控制量,另一个作为从动量,即恒压给进和恒速给进模式。工控机根据不同的模式(恒压钻进、恒速钻进)来比对控制参数,工控机向模拟量输出卡发送命令使其输出控制信号,控制信号作用在电液比例阀和比例溢流阀上,从而调节给进油缸的给进速度和压力,达到精确控制的目的。从原理图 4-83 中可以看出,在钻压(钻速)的闭环控制中,最关键的硬件就是模拟量输出卡和电液比例阀及电液比例溢流阀。试验台钻机的电液比例阀选用萨澳丹佛斯品牌的 PVG32 多路阀系列。PVG32 多路阀采用功能模块化设计,可以组合成多种功能的工作模块,有手动和电控两种操作方式,其中电控工作模

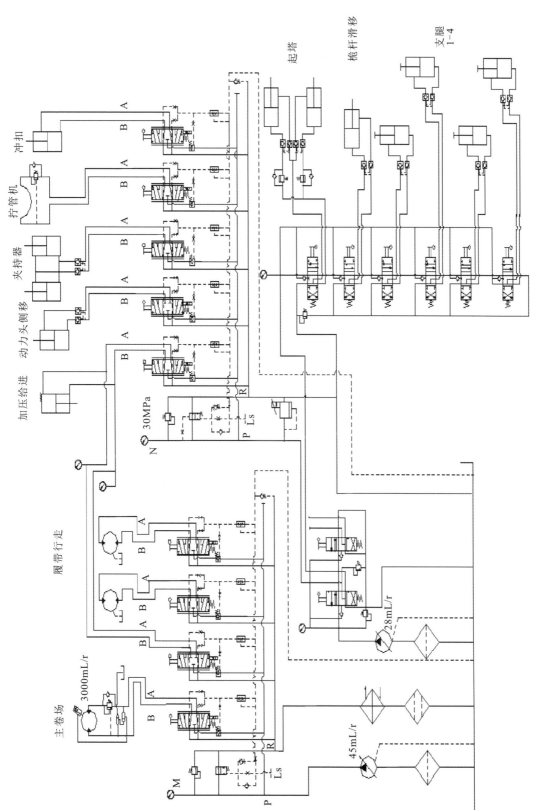

图4-78 IDS-1500钻机液压系统原理

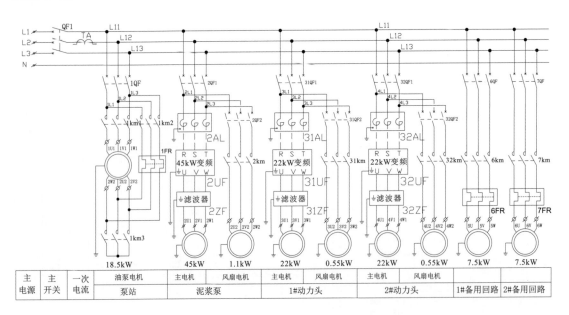

图 4-79 钻机主要电气控制系统组成

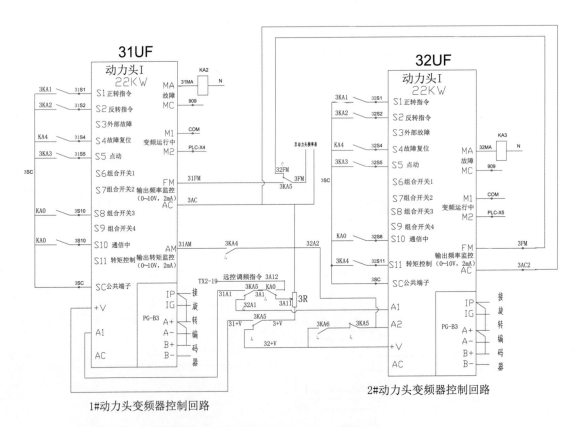

图 4-80 双电机动力系统的变频控制原理图

块可以即插即用。该比例阀额定工作压力达到 35MPa，额定流量达到 100L/min，完全满足

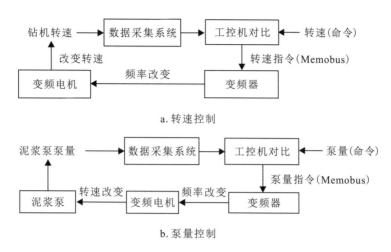

a. 转速控制

b. 泵量控制

图 4-81 钻机转速、泵量闭环控制原理

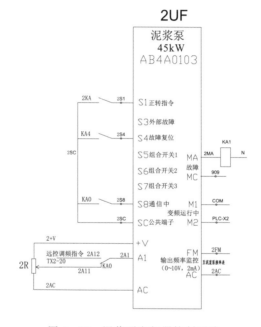

图 4-82 泥浆泵变频器控制回路

钻机液压系统的需求,同时它具有调速性能好、流量与负载压力无关、质量轻等优点。在钻机钻压(钻速)闭环控制中,主要应用其电控模块。电液比例溢流阀控制着钻进给进系统的最大给进能力,钻机给进力大小的调节通过调节溢流阀来完成,它的性能好坏决定着钻机给进系统给进力的控制精度。试验台钻机的电液比例溢流阀选用榆次 EBG-03 型电液比例溢流阀,该阀最高工作压力为 24.5MPa,最大流量为 100L/min,满足钻机需求。该比例溢流阀的信号功耗较大,需要专门的功率放大器,试验台中专门配置了相应的功率放大器。

钻机除可以人工操作外,还可以在工控机的控制下实现恒速钻进和恒压钻进两种工作模式。恒速钻进工作模式时,两种电液比例阀调节到最大,电液比例溢流阀按需要调节;恒压

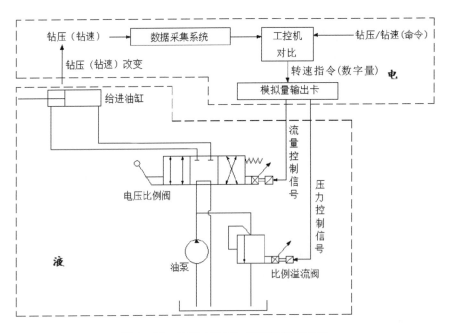

图 4-83 钻压（钻速）闭环控制原理图

钻进工作模式时，电液比例溢流阀调节到最大，电液比例阀按需要调节。但在恒压钻进模式下长时间工作，可能导致电液比例溢流阀过流太大、发热严重。两种工作模式可以相互转换，比如恒速钻进时，如果调节给进速度过快致使系统压力高于溢流阀调节的压力，则恒速钻进模式自动转换为恒压（最高压）钻进模式；同样，恒压钻进时，如果比例溢流阀调节的压力过大致使电液比例阀调到最大也不能满足该压力，则恒压钻进模式转换成恒速（最高速）钻进模式。

第七节 野外工程勘察作业网络监控实践

工程地质勘察成果为分析工程地质情况及选取地质参数提供基本依据，勘探质量的好坏直接关系到工程地质勘察的质量，进而影响设计、施工乃至运营的经济性、准确性和可靠性。

由于工程地质勘探任务重、作业区分散，传统的勘探质量管控难度较大。目前现场的监管模式、投入人力都存在较多的漏洞，且受监管人员水平、素质等影响较大。当前较为突出的问题有两个：一是勘探深度不达标，存在瞒报现象；二是过程管理和质量控制难以满足质量管控要求。可以说，现场勘探质量管控是整个勘察的薄弱环节，质量事故时有发生。改进对现场勘探质量的管理方法、提高勘探效率，是设计优化及施工、运营安全性和经济性的根本保证。

一、勘探现场数字视频交互系统

基于互联网 e＋技术的信息化、数字化技术近年来得到了极大的发展，"天网系统"已经广泛地应用于实时道路交通情况监控，它的技术可应用于勘探现场的管理。钻探现场数字视频交互系统是石油钻井行业和铁路工程勘探领域应用较早的技术方法,它利用数据传送与共享功能,实现管理人员与现场操作人员的沟通互联,提高管理时效性和管理效率,降低安全风险和管理成本。也有助于实现勘探活动的规范化、标准化、科学化管理,推进勘探行业的信息化进程。常见视频监控原理如图4-84所示。

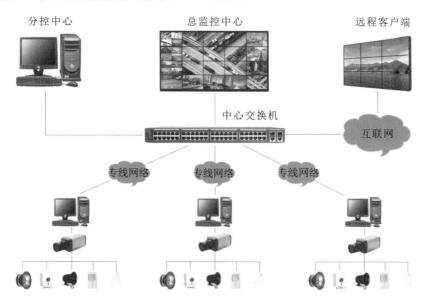

图4-84 常见视频监控原理图

监控系统可通过高性能视频监控端对数据的采集、存储、传输,利用3G/4G等网络通过服务器将信息传输至电脑终端,实现管理人员对现场作业过程的适时监控与沟通,使勘探活动最大限度地处于可控状态,提高勘探质量和管理效率。

目前视频监控多用在道路交通监控、钻井石油平台监控、生活区域安防监控等,属于固定线路视频监控系统,对于流动性极大的野外勘察而言,需要具备易移动、供电和安装方便的特点,且能适应野外工作环境,如防水、防尘等要求。

中铁第一勘察设计院研制的勘探现场数字视频交互系统的现场端由太阳能板、网络摄像头、功能组件箱、支架系统4个部分组成,其间使用线缆进行连接,如图4-85所示。

1. 现场端网络摄像头

现场端需要具备独立的电源和网络传输系统,摄像头具备对现场画面摄制、数据压缩与数字化等功能,同时对各种组件进行合理组装和布设,能适应野外勘探作业施工环境。

网络摄像头是传统摄像机与网络视频技术相结合的新一代产品,除了具备一般传统摄像机所有的图像捕捉功能外,机内还内置了数字化压缩控制器和基于WEB的操作系统,使得视频数据经压缩加密后,通过局域网、因特网或无线网络送至终端用户。而远端用户可在终端设备上使用对应的网络浏览器或软件,根据网络摄像机的IP地址,对网络摄像机进行访问,实时监控目标现场的情况,并可对图像资料实时编辑和存储,同时还可以控制摄像机的云台和镜头,进行全方位监控。网络摄像头主要参数如表4-7所示。

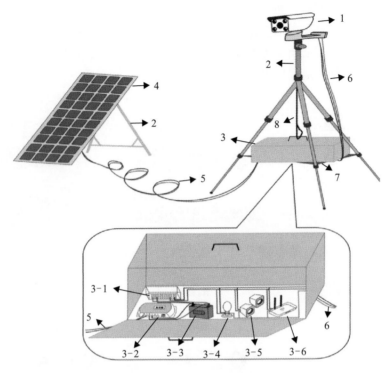

1. 网络摄像头；2. 便携支架；3. 功能组件；4. 太阳能电池板；5. 电源输入线；
6. 功能输入线；7. 支架底座；8. 保险绳；3-1. 接线端子；3-2. 太阳能控制器；3-3. 蓄电池；3-4. 信号指示灯；3-5. 音响设备；3-6. 插卡路由器。

图 4-85　交互系统现场端配置示意图

表 4-7　网络摄像头主要参数信息

电源	12V
功率	25W
感光元器件	海思 Hi3518E
像素	100 万
视频压缩格式	默认 H.264，可设置为 H.avi 格式
最低照度	彩色 0.1LUX/F1.2；黑白 0.001LUX/F1.2
图像分辨率	1280×720
频率	50～60Hz
视频帧率	25FPS
视频码率	64kbps～8Mbps
支持协议	TCP-IP、HTTP、DHCP、DNS、PPPOE、SMP、NTP 等
运行环境	温度 -10～50℃，湿度 20%～80%
其他	含内置麦克风，支持音频输入与输出

2. 支架

为满足轻便性、便携性，同时考虑野外勘探作业现场地形情况，选用三角支架作为现场端的支架系统。支架打开时，在它的底部使用管卡、钢丝绳等设置功能组件箱底座，使用保险绳将功能组件箱悬挂在顶部的挂钩上，对功能组件箱与支架起到双重保护作用。支架系统由轻便三脚架构成，具备云台调节功能，可折叠成长约 50cm 的便携构件，满足轻便性需求。三脚架撑开时，在它的底部可架设功能组件箱支座，上部设置保险绳悬挂揽钩，以使得功能组件箱能稳固放置在三脚架上，同时自重也可增加整个支架系统的稳定性。

3. 功能组件箱

规划将网络路由器、蓄电池、音箱、开关端子组件等设置在功能组件箱中，以提高各组件的防护功能，适应野外勘探现场作业环境。功能组件箱外壳使用防水接线盒，采用 ABS 材质，具有一定的密封性，自身具有一定的承重、防水性能。

1）网络路由器

为现场端提供可移动的网络传输信号，利用目前较为成熟的无线网络路由器，插入运营商的 SIM 卡，将 GPRS 网络转换为网络摄像头可直接利用的 Wi-Fi 或有线网络信号，满足与管理端的沟通互联需求。插卡路由器主要参数信息如表 4-8 所示。

表 4-8 插卡路由器主要参数信息

电源	12V
功率	5W
网络制式	LTE/TD-SCDMA
无线传输速率	300Mbps
WLAN	IEEE 802.11b/g/n
质量	225g
工作温度	0~40℃

表 4-9 音箱主要参数信息

电源	12V
功率	10W
尺寸	20cm×7cm×7cm
质量	520g
连接方式	3.5mmAUX 插头
工作温度	-5~60℃

2）音箱

音箱是将管理端传至现场端的音频信号进行还原、放大，使得现场操作人员能得到管理人员的指令，使用 12V 电源，且功率、信噪比等参数能满足勘探现场环境需求。音响主要参数信息如表 4-9 所示。

3）蓄电池

现场端使用太阳能电板把太阳能转化为电能，经太阳能控制器把电能储存在蓄电池中，为现场端提供电力支持。蓄电池是可以将所储存化学能直接转化成电能的一种装置，通过可逆的化学反应实现再充电。

表 4-10 蓄电池主要参数信息

蓄电池类型	铅酸蓄电池
输入电压	10~18V
输入电流	1~3A
输出电压	11.6~12.7V
输出电流	0~5A
电池容量	20A·h
尺寸	17cm×18cm×8cm
重量	5kg
工作温度	-5~60℃

考虑铁路勘察工程地质勘探作业主要在白天进行，且同时考虑现场端设备的便携性，保证现场端在光照条件不满足太阳能电板发电的情况下仍可持续工作 4h，得出蓄电池容量约为 16A·h，再乘以 1.1 的保险系数，系统采用蓄电池容量为 20A·h。蓄电池主要参数信息如表 4-10 所示。

4) 电源系统

太阳能电池和太阳能控制器将太阳能转化为系统所需的能源,储存在蓄电池中,为系统提供电能,单晶硅太阳能电板与太阳能控制器如图 4-86 所示。太阳能控制器用于太阳能发电系统中,控制多路太阳能电池方阵对蓄电池充电及蓄电池给太阳能逆变器负载供电的自动控制设备。它对蓄电池的充、放电条件加以规定和控制,并按照负载的电源需求控制太阳能电池组件和蓄电池对负载的电能输出,是整个光伏供电系统的核心控制部分。太阳能电板主要参数如表 4-11 所示。

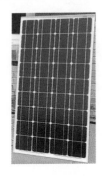

图 4-86 单晶硅太阳能电板与太阳能控制器

表 4-11 太阳能电板主要参数

构成	2 片 50W 电板	发电组件	单晶硅太阳能电池
功率	100W	保护材质	铝合金框及钢化玻璃
峰值电压	17.40V	折叠尺寸	51cm×70cm×7cm
峰值电流	5.59A	工作时展开尺寸	110cm×70cm×3.5cm
功率偏差	±3%	工作温度范围	−40～90℃
实物质量	11kg	太阳能转换率	17.50%

交互系统软件系统采用 C/S 软件架构,即客户端/服务器架构,是目前流行的服务器系统软件架构,通过将任务按功能分配到 Client 端和 Server 端分开运行,可以有效降低系统的通信开销。用户操作主要在客户端实现用户具体管理,查看项目具体情况;服务器端主要提供数据管理、数据共享、数据及系统维护和并发控制等,客户端程序主要完成用户的具体的业务。它的结构如图 4-87 所示。

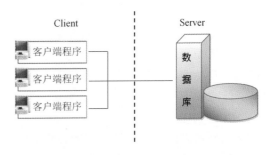

图 4-87 C/S 系统架构

二、现场钻孔计深测量方法和质量管理体系

工程勘察现场由于勘探地点较为偏僻或分散,工作量较大,质量管控人员相对较少,导致管理脱节,经常出现"钻孔漏打""钻深不足""岩心复制"等现象。因此,依托于检测计

量装置的监控系统的研究非常必要。

现场施工过程监管系统由孔口坐标定位系统、钻孔深度计深系统、岩心现场录制、原位测试和关键施工过程监控等环节组成。孔口坐标GPS定位为确保钻孔孔位为设计孔位,避免钻机因人而随意定位;钻孔深度计量系统为确保钻孔的实际钻深达到设计深度,避免虚报进尺现象;岩心现场录制为确保岩心深度对应、取心质量管控和岩心的编录管理;原位测试和关键施工过程监控是为了保障现场关键程序的实施过程监控和管理,确保施工程序的规范化。

在图4-88所示的监管系统中,最为困难的环节是钻孔钻深计量系统的配套。在石油录

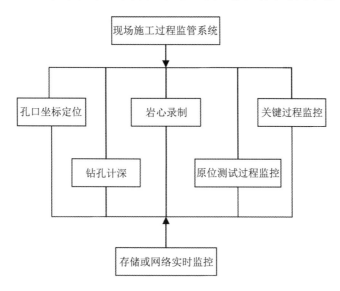

图4-88 工勘现场施工过程监管系统

井系统中计深系统依托于大钩绞车传感器及其他多状态参数的判断来实现,录井过程由专业人员全程参与,而且仪器价格昂贵,显然不适用于工程勘察领域。探索基于工程勘察现场的钻孔钻深计量装置非常具有现实意义。

工程勘察钻机的游动滑车高程监控系统能准确测量游动滑车的高程,实时显示孔深、机上余尺、机械钻速和钻具长度等参数。在天车的定滑轮上安装磁钢,大钩移动时,与磁钢对应位置的双通道霍尔传感器产生脉冲信号,经过数显表微处理转换,再通过RS485串口通信连接表头实现显示。

该系统是通过测量钢丝绳长度变化间接确定滑车高程的。如图4-89所示,游动滑车在移动的过程中,天车上的定滑轮会随之转动,通过天车传感器测量定滑轮的转角,进而计算出钢丝绳

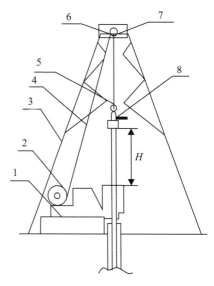

1.立轴式钻机;2.绞车;3.钻塔;4.快绳;
5.游动滑车;6.天车;7.天车传感器;8.水龙头。
图4-89 大钩高程检测原理示意图

下放或者上提的长度值,就可以确定游动滑车的位置了。与以往的绞车传感器测量方法不同的是,穿过定滑轮的钢丝绳只有一股,不会像绞车上的钢丝绳卷绕直径会发生变化,因而不需要考虑钢丝绳卷绕的层数,不需要进行逻辑判断,就可以很准确地测量钢丝绳长度变化值,降低了成本。

滑车高程参数最实用的用途之一就是实时显示机上余尺和钻孔深度,以便司钻人员及时获得钻进进尺的参数。机上余尺是指自高压水龙头下面且垂直于钻杆柱中心线的平面到立轴外壳的上平面且与立轴轴心线垂直的平面之间的距离。如图4-89所示,图中H即代表机上余尺。机上余尺的计算公式为:

$$H = L - h - l \tag{4-6}$$

式中,H为机上余尺;L为钻具总长;h为机高;l为孔深。

其中,钻机正常钻进时,机上余尺就是大钩高程。大钩高程零参考点也是机上余尺的零参考点。由式(4-6)可知,只要能准确测量机上余尺,就能快速、准确地得到孔深值。在钻进的过程中,只要确定了大钩的位置(夏阳等,2010),很容易便能计算出机上余尺和相关参数。

在天车定滑轮的侧面安装磁钢,将专门研制的双通道霍尔传感器固定在对应位置。滑车上提或者下放时,定滑轮转动,双通道霍尔开关传感器便产生脉冲信号。脉冲信号通过数据线传输给数显表头,数显表头可以接收数字信号,经过信号处理后直接显示,同时可以将处理后的信号通过RS485串口通信传输给PC机,利用LabVIEW平台实现数据的采集、分析、显示和存储等工作(罗光强,胡郁乐,2014)。

由于天车定滑轮的半径和钢丝绳数为固定值,只需检测霍尔传感器接收的逆时针和顺时针脉冲信号就可以得出机上余尺,从而得出大钩的高程,再根据式(4-6)计算孔深。

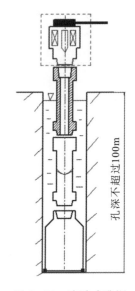

图4-90 声波式孔深测试装置原理

图4-90为另外一种孔深测试装置,它的基本原理是钻孔终孔后,将专门设计的激振器和检波器旋接在钻杆柱上方,通过启动激振器产生一定频率的声波,声波列通过钻柱向下传输,在接头和钻头底部产生相应的反射波,通过声波特征分析可以确定钻杆单根数量、单根长和钻具总长,从而确定最终孔深。分析结果可数显也可以存储方式发送给管理方。

第八节 工程勘察孔内信息检测技术

工程勘察孔内信息检测的方法有很多,如原位测试、岩心实物测试、钻孔电视视频测试、超声波测井、电磁波CT、剪切波速测试等。取心验证和钻孔电视测试是直接测试法,声波测井和剪切波速测试是间接测试法。如钻孔电视是利用带摄像头的探头在孔内,直接"看"孔内地层岩性、产状及破碎等信息。超声波测井和剪切波波速测试,主要是利用不同地层声波的纵波和横波波速不同这一固有特性,通过仪器测试的波速,反推钻孔地层岩性及完整性等情况。

一、声波测试技术

根据声波在介质中质点振动方向和波传播方向的不同,可以将它分为纵波、横波和表面波。声波是在介质中传播的机械波,依据波动频率的不同,声波可分为次声波、可闻声波、超声波和特超声波。它的划分如表4-12所示。

表 4-12 声波种类和对应的频率范围

名称	频率范围
次声波	$0\sim20\text{Hz}$
可闻声波	$20\sim20\,000\text{Hz}$
超声波	$2\times(10^4\sim10^{10})\text{Hz}$
特超声波	$>2\times10^{10}\text{Hz}$

在孔内声波测试时,超声波应用最为广泛,它的频率范围在20 000Hz~100MHz之间。20世纪70年代初期,超声波测井技术开始应用到工程领域。超声波作为一种信息载体,当穿过岩石被接收端接收后,它的声学参数的改变可以反映岩石内部的信息。其中,超声波速度是一项重要指标,它不仅与岩石的固有强度有关,还与岩体中的各种裂隙有关,并且会因裂隙显现出不同程度的断面效应,表现为波速的降低。这种波的断面效应可以反映出岩体结构的特性,例如发育程度、组合形态、裂隙宽度及内部充填物质。利用测得的声波资料可以将岩体进行质量级别划分,从而圈定软弱岩带的空间分布形态。

纵波,又称为P波,它的质点振动的方向和波传播的方向一致,它的传播是由于介质中单元发生压缩和拉伸的变形,因此与介质的体积弹性有关。任何弹性介质都具有体积弹性,所以纵波可以在任何固体、气体、液体中传播。横波,又称为S波,它的质点振动的方向和波传播的方向垂直,横波是依靠使介质产生剪切变形(局部形状变化)引起的剪应力变化而传播的,它和介质的剪切弹性相关。由于液体、气体形状变化时,不能产生抗拒形变的剪应力,因此,液体和气体不能传播横波,只有固体才能传播横波。表面波,又称为R波,当固体介质表面受到交替变化的表面张力作用,介质表面质点发生相应的纵向振动和横向振动,使质点做这两种振动的合成运动,即绕其平衡位置做椭圆运动,该质点的运动又波及相邻质点,而在介质表面传播,质点振动的振幅随深度的增加而迅速减小,当深度超过2倍的波长时,振幅已很小了。表面波也只能在固体中传播。

自然界中的机械波还有多种复杂形式,如兰姆波、扭转波等。但根据运动学的叠加原理,任何复杂的波动都可以看成是纵波和横波的叠加。因此,纵波和横波是最基本的机械波。

超声波在固体介质中传播,一般通过声速、声幅和声频来表征被测对象的工程性质。

固体介质中声波的波速取决于波动方程的形式和介质的弹性常数,而波动方程的形式则取决于波的类型和介质的边界条件,因此,声波在固体介质中的传播速度主要受以下3个方面因素的影响。

(1)波的类型:不同类型的波在固体介质中的传播机理不同,也就导致了传播速度的差异。

(2)固体介质的性质:对于弹性介质,主要取决于它的密度、弹性模量、泊松比,这是影响波速的内在因素,介质的弹性特征愈强,则波速愈高。

(3)边界条件:实际上就是固体介质的横向尺寸(垂直于波的传播方向上的几何尺寸)与波长的比值,比值越大,传播速度越快。

假设在垂直于波的传播方向上,介质的几何尺寸为$a\times b$,声波的波长为λ,则:①$a\gg$

λ，$b\gg\lambda$，介质可视为无限大，波速最高。②$a\ll\lambda$，$b>\lambda$，介质可视为薄板，此时波速小于无限大介质的波速。③$a\ll\lambda$，$b\ll\lambda$，介质可视为杆件，波速最小。

由此可见，弹性波在岩体内的传播速度与岩体本身的弹性模量、泊松比及密度有关，它的值也综合反映了岩石的风化程度、完整性及岩石的松动程度等属性。通过对这些弹性波的特征参数进行处理分析，就可以为定量评价工程岩体质量提供可靠的依据。

超声波波速可作为岩体质量级别划分的定量指标之一，并可宏观确定不同特性岩体的空间分布状况。

依据《水利水电工程地质勘察规范》（GB 50487—2008），可根据超声波检测值 v_P 将中硬岩坝基岩体工程地质分类，具体划分如表 4-13 所示。

表 4-13 声波值岩体分类表

超声波值/m·s^{-1}	岩体分类	岩体特征
$v_P>4500$	Ⅰ	岩体呈整体状或块状、巨厚层状、厚层状结构，结构面不发育—轻度发育，延展性差，多闭合，岩体完整，强度高
$4000<v_P<4500$	Ⅱ	岩体呈块状或次块状、厚层状，结构面中等发育，软弱结构面局部分布，不成为控制性结构面，不存在影响坝基或坝肩稳定的大型楔形体或棱体，岩体较完整，强度高
$3500<v_P<4000$	Ⅲ$_1$	岩体呈次块状、中厚层状结构或焊合牢固的薄层状结构，结构面中等发育，岩体中分布有缓倾角或陡倾角（坝肩）的软弱结构面，存在影响局部坝基或坝肩稳定的楔形体或棱体，岩体较完整，局部完整性差，强度较高
$3000<v_P<3500$	Ⅲ$_2$	岩体呈互层状、镶嵌状结构，层面为硅质或钙质胶结薄层状结构。结构面发育，但延展差，多闭合，岩块间嵌合力较好。岩体强度较高，但完整性差
$2000<v_P<3000$	Ⅳ$_1$	岩体呈互层状或薄层状结构，层间结合较差。结构面较发育—发育，明显存在不利于坝基及坝肩稳定的软弱结构面、较大的楔形体或棱体。岩体完整性差，强度较低，能否作为高混凝土坝地基，视处理难度和效果而定
$v_P<2000$	Ⅳ$_2$	岩体呈镶嵌或碎裂结构。结构面很发育，且多张开或夹碎屑和泥，岩块间嵌合力弱，岩体较破碎，一般不宜做高混凝土坝地基，当坝基局部存在该类岩体时，需做专门处理

根据测试的内容不同，可以分为声速测井和声幅测井。测试系统一般由声波仪、换能器及深度计数三大部分组成（图 4-91）。

声波仪是显示声脉冲穿过被测介质所需时间、接收信号的波形或波幅的一种二次仪表。根据声脉冲穿过被测介质的时间（声时）和距离（声程），可计算声波在介质中的传播速度；波幅可反映声脉冲在介质中的能量衰减状况，根据所显示的波形，经过适当处理后可对被测信号进行频谱分析。声波仪的发展是计算机技术发展的一个缩影，早期的声波仪以 20 世纪 50 年代出现的电子管声波仪为代表，到了 20 世纪六七十年代，出现了晶体管集成电路声波仪，80 年代，随着微机技术的发展，声波仪开始步入智能化阶段，仪器与微处理器连接，机内内置程序有一定的数据自动分析、处理功能，但因为数字采集与传输速度、存储容量及计算机软件等方面的限制，无法实时动态地显示波形，无法进行大批量的信息处理工作。进

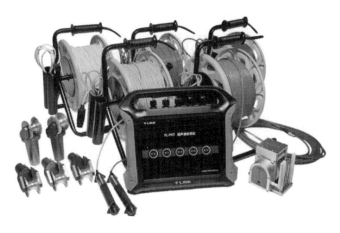

图 4-91 超声波测试系统组成

入 20 世纪 90 年代，智能型数字声波仪逐步走向成熟，可实时、动态地显示波形，在现场可由计算机完成大量的自动判读及数据信息处理工作，大大提高了现场工作效率，同时也缩短了室内数据处理时间。

换能器是实现电能与声能相互转换的装置。换能器依据其能量转换方向的不同，又分为发射换能器和接收换能器，根据逆压电效应可知，若在压电体上加一突变的脉冲电压，则压电体产生相应的突然激烈变形，从而激发压电体的自振而发出一组声波，这就是发射换能器的基本原理。反之，根据压电效应，若压电体与一具有声振动的物体接触，则物体的振动使压电体被交变地压缩或拉伸，因而压电体输出一个与声波频率相应的交变电信号，这就是接收换能器的基本原理。有两种压电效应是很常用的，一种是形变的方向与电场的方向重合，这种压电效应称为纵向压电效应；另一种是形变的方向与电场方向垂直，称为横向压电效应。

发射换能器和接收换能器的基本构成是相同的，一般情况下可以互换使用，但有的接收换能器为了增加测试系统的接收灵敏度而增设了前置放大器，此时不能互换使用。

实现电声能量转换的方式有多种，如电磁法、静电法、磁致伸缩法及压电伸缩法等。在声波检测中，由于要求换能装置具有较高的频率、稳定一致的工作状态和不大的体积，一般都采用压电伸缩法，即压电式换能器。

早期的声波换能器使用过石英晶体。目前以单晶作压电材料的还有酒石酸钾钠、铌酸锂等人造晶体，其余都被压电性能好、造价低廉、易于成型的压电陶瓷所代替。压电陶瓷的使用温度不应超出居里点。同时，随着使用时间的延长或受到冲击等因素的影响，电畴的定向排列会渐趋混乱，而使灵敏度降低，产生老化现象。

压电陶瓷在用作换能器材料时，它的处理和运用方法在形式上与压电晶体完全相同，但它的压电机理和一般压电晶体不同。为区别这两种情况，称极化后的压电陶瓷的压电效应为"准压电效应"。

工程检测中，所用的换能器多为径向换能器，径向换能器利用压电陶瓷（圆片、圆环或球体）的径向振动模式来产生和接收声波，它的辐射面是曲面。这类换能器通常被置于结构物的钻孔或导管中进行检测。混凝土灌注桩的跨孔声波透射法检测也是采用径向换能器。目前常用的径向换能器有增压式、圆环式及一发双收式。

根据超声波换能器在孔内位置的不同,可以分为跨孔透射法和单孔透射法(图 4-92)。目前单孔测试中使用的一发双收换能器通常不带前置放大器,为实现跨孔声波测试,当孔距较大的情况下,通常会给换能器增加输出信号。目前,在工程勘察上最常用的还是单孔声速测井技术。

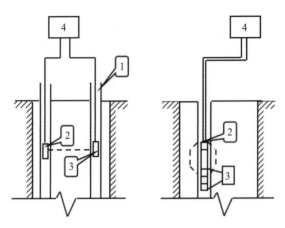

1. 钻孔;2. 发射换能器;3. 接收换能器;4. 声波检测仪。

图 4-92 声波测井示意图

单孔声波测井是指在一个钻孔内同时进行一次发射和两次接收测试,使用的换能器为一发双收换能器。常用的一发双收换能器,发射探头和第一个接收探头的距离为 300mm,两个接收探头的距离为 200mm。且声波在孔内传播,有效检测范围一般认为是一个波长左右(约 8~10cm)。

当一发双收换能器置于钻孔的中心,所探测的范围是沿钻孔周围垂直方向钻孔质量情况。测试时,钻孔中灌满清水,作为超声波传播的耦合剂,发射换能器辐射的声波,满足入射角等于第一临界角,在孔壁的声波折射角将等于 90°,即声波沿着钻孔孔壁滑行,然后又分别折射回孔中,由接收换能器 S_1 和 S_2 分别接收。通过两个接收换能器的固定间距及两个接收换能器接收到滑行波的时间差,可以计算声波在地层中传播中各项声学参数。单孔换能器一发双收换能器的原理如图 4-93 所示。用压电陶瓷圆环作的发射振子发出一束超声波,它的半扩散角为 θ_0,θ_0 角的大小与圆环高度有关。α 为入射制角,α_1 为入射的临界角。

$$\alpha_1 = \sin^{-1} \frac{v_w}{v_c} \tag{4-7}$$

式中,v_w、v_c 分别为水和孔壁的纵波声速。

当 $\theta_0 > \alpha_1$ 时,将有一束声波经水中以临界角射入孔壁。选择适当厚度的传感器圆环,使 θ_0 大于水/孔壁界面第一临界角 α_1,此时由于它的折射角为 90°,故该波将沿孔壁滑行,称为滑行波。同样,介质中每一点都是新的波源,于是孔壁滑行波又将有声波束射回钻孔,被接收振子 S_1、S_2(压电陶瓷圆环制作而成)所接收。

振子 F 与 S_1、S_2 之间的距离又设计得使沿孔壁传播的滑行波比经由水中传播的直达波先到达 S_1 和 S_2(水的声速小于固体介质声速),同时,振子 F 与 S_1、S_2 之间的联系物采用隔声橡胶或窗格状的尼龙制作,以隔断或延迟由联系物传播的直达波。声波仪测读最先到达

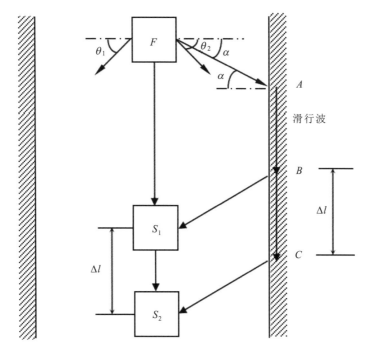

F. 发射振子；S_1、S_2. 接收振子。

图 4-93 一发双收换能器原理

的波，这就是沿孔壁传播的滑行波。同时，由于 F、S_1、S_2 处在孔中相似位置，所以超声波在水中的 FA、BS_1、CS_2 各段的传播时间相等。这样，当分别测得超声波从 F 出发到达 S_1 的时间 t_{FS_1} 和到达 S_2 的时间 t_{FS_2}，则孔壁 BC 段被测介质的声速可按下式计算：

$$v = \frac{\Delta l}{t_{FS_2} - t_{FS_1}} \quad (4-8)$$

式中，Δl 为两接收振子间的距离。

制作一发双收换能器时，如图 4-94 所示，将发、收振子固定在一根棒上的不同位置，即 Δl 值已固定，分别引出 3 根电缆线，为发、收 1 和收 2。具有双线显示的声波仪可以同时显示测读两个接收波；单显的声波仪则逐一测读这两个接收波。沿孔壁逐段测读，即可得出距孔壁面一定深度（约为 1 个波长）的钻孔地层的声速值。据此可推断沿钻孔垂直方向钻孔地层岩性及完整性情况。

目前国内检测机构使用的多为数字超声波，且随着技术的发展，当前的声波仪朝着微型化、智能型、多功能型发展。如岩联科技有限公司研制的 YL-PST（FS）型超声波测试仪，同时具备测试混凝土桩完整性、超声波测试混凝土试块

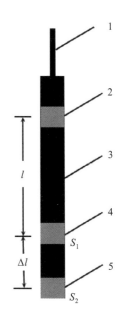

1. 引出电缆；2. 发射振子；
3. 联结体；4. 接收振子 1；
5. 接收振子 2。

图 4-94 一发双收换能器

强度及不密实度、混凝土裂缝深度及声波测井五大功能于一体，通过突破超声波激励部分，优化换能器性能，设备带载状况下能达到1200V，同时硬件提升，率先实现五通道循环采样，极大提高测试效率。

二、钻孔电视测试技术

用于钻孔探测的钻孔电视成像技术来源于石油勘探的测井技术，20世纪80年代，发达国家开始尝试将这种能够对钻孔进行精细化成像测试技术引入到工程小口径钻孔的探测中，最开始的应用多为对岩体进行精细勘测和定量描述的项目中。我国20世纪60年代，工程上有了孔内照相检测技术的应用，70年代末国内研制了用于管井检测的黑白井下光学电视系统，80年代末彩色光学孔内电视系统研制成功，进入21世纪，随着电子信息技术、计算机技术和图像处理技术的发展，当前市场上钻孔电视图像性能、操作体验更加优质和科学。

钻孔电视测试系统一般由摄像探头、主机、深度测量滑轮等几部分组成，探头和主机之间采用通信线缆连接（图4-95）。

深度测量滑轮用来记录探头在钻孔内的具体深度；探头内置LED白光发光二极管和摄像机，用来摄取孔壁图像。探头内置高性能三维电子罗盘，用来测量探头所在位置的钻孔方位角和倾角。

1. 探头；2. 主控；3. 操作平板。
图4-95 钻孔电视系统组成

探头内的视频信号、控制信号和罗盘数字信号通过电缆传到主机，主机接收探头信号和测深滑轮的深度脉冲信号，计算探头所在的深度位置，并对视频信号进行图像录像、匹配拼接等处理。利用连接电缆把摄像机慢慢放入钻井孔内，摄像机在探头内置LED白光发光二极管光源的照射下照亮孔壁采集信号，随着探头不断往孔内行进，通过连接电缆与地面的成像分析仪主机连接，整个孔壁就自动匹配拼接成一幅完整的平面展开图。主机在对图像进行处理的同时，在现场可实时显示监视孔内四周的图像和实时拼接展开图，同时可以同步由录像机全程录下整个过程的视频。

随着摄像头技术的发展，超高清摄像头能为孔内采集提供更高清的影像信息。目前市场上的钻孔电视既可以实现直孔测试，还可以实现水平孔影像测试，并可记录探头倾向和倾角信息。岩联科技有限公司研制的YL-IDT（S）型智能钻孔电视仪，把主控及深度计数集成，实现探头自动收放线功能，极大地提高了现场测试人员的工作效率及体验，同时通过摄像头及探头灯光核心技术，探头的测试孔径进一步拓宽，范围为600～1200mm。

2002年中华人民共和国住房和城乡建设部颁布的《工程勘察项目收费标准》中将钻孔电视成像技术方法收录为工程物探勘察项目，各相关行业部门及城市也都在陆续完善该技术的标准规范和技术规程工作，使其在工程勘察和工程检测行业得到应用。

《公路工程物探规程》（JTG/T 3222—2020）和《铁路工程物理勘探规程》（TB 10013—2010)中都将电视测井技术纳入其中，国内最早单独将孔内电视测试方法纳入工程检测行业的是中国工程建设标准化协会《基桩孔内摄像检测技术规程》(CECS 253—2009),随后浙江、广东等地均将此方法写入规范和规程。规程中提及电视测井可用于观察孔壁的孔洞、裂隙发育情况及完整性程度,观察断层和软弱夹层的倾向、倾角和厚度等信息。

现场测试环境规定,电视测井应在干孔或清水孔中进行,孔中井液透明度不够时,应用清水循环冲洗或加沉淀剂澄清。电视测井图像录制应符合下列规定:

(1) 电视设备下井前应预先录制工程名称、钻孔编号、岩心及钻孔附近地形地貌、场地环境等。

(2) 录制过程中应详细观察并记录地质现象,并对主要地质异常进行追踪观察。

(3) 录制过程中每隔 10m 应对电视图像显示的深度与电缆标记深度进行校正,并记录。

在工程勘察孔中,可使用钻孔电视进行孔内信息检测,借助先进的图像处理,通过像素点及图片信息,结合设备采集的深度信息,检测人员可以观测钻孔中地质体的各种特征及细微构造,如地层岩性、倾向及倾角、岩石结构、断层、裂隙、夹层和岩溶信息等。

工程现场,检测前工程师检查孔内情况,如果孔内环境不够清晰,可以用清水洗孔或加明矾进行净化;架设三脚架,安装深度计数器或放线滑轮,连接探头和主机,保障接头的密封性能;设置主机参数,检查整个检测系统是否工作正常;然后保持探头玻璃罩洁净,匀速下放探头,测试人员可以通过主机观察钻孔孔内信息。现场工作示意图如图 4-96 所示。

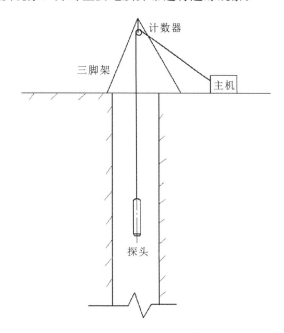

图 4-96 钻孔电视现场工作示意图

主要参考文献

狄勤丰,平俊超,李宁,等,2015.钻柱振动信息测量技术研究进展[J].力学与实践,37(5):565-579.
冯晓明,孙鑫,周东富,等,2019.金刚石钻头烧结设备数控自动控制系统改造[J].吉林地质,38(4):90-92.
符碧犀,胡郁乐,陶杨,等,2012.非开挖水平定向钻进导向孔的轨迹控制[J].油气储运,31(3):178-180.
胡郁乐,汤凤林,王元汉,等,2005.中国大陆科学深钻井下参数随钻记录与回放系统[J].地质科技与情报,24(1):99-102.
胡郁乐,刘国华,王元汉,2004.一种无线接收系统的信号预处理与抗干扰设计[J].工程地球物理学报,1(2):116-119.
胡郁乐,刘乃鹏,汪伟,等,2019.松科2井高温高压随钻测温技术的研究和应用[J].中国地质,46(5):1188-1193.
胡郁乐,刘乃鹏,喻西,2017.松科2井高温高压随钻仪研制与应用[J].第十九届全国探矿工程(岩土钻掘工程)技术学术交流年会优秀论文,探矿工程(岩土钻掘工程)(增刊):193-195.
胡郁乐,王元汉,乌效鸣,等.2004.大陆科学深钻井下参数测试系统研究[J].石油钻采工艺,26(3):10-12.
胡郁乐,乌效鸣,王元汉,2005.一种新型工具面角传感器的研制[J].传感器技术,24(1):50-52.
胡郁乐,乌效鸣,张晓西,等,2005.配套科学深钻绳索取心的井内参数测试仪的研究[J].地球科学,30:77-82.
胡郁乐,张恒春,吴来杰,等,2011.智能化中频感应金刚石钻头烧结设备的研制[J].金刚石与磨料磨具工程,31(3):51-53.
胡郁乐,张惠,2013.深部地热钻井与成井技术[M].武汉:中国地质大学出版社.
胡郁乐,张惠,王稳石,2018.深部地质岩心钻探关键技术[M].武汉:中国地质大学出版社.
胡郁乐,张绍和,2010.钻探事故预防与处理知识问答[M].长沙:中南大学出版社.
蒋希文,2006.钻井事故与复杂问题[M].2版.北京:石油工业出版社.
雷静,杨甘生,梁涛,等,2012.国内外旋转导向钻井系统导向原理[J].探矿工程(岩土钻掘工程)(9):53-58.
李继文,王平,张志强,等,2010.钻探工作中常见孔内事故的预防与处理[J].吉林地质,29(10):129-131.
李凌云,2020.导向钻井工具姿态多传感器组合测量方法研究[D].西安:西安石油大学.
李维刚,2011.煤矿绞车远程监测系统的研究与应用[D].西安:西安工业大学.
刘国华,胡郁乐,2005.基于ATMEGAL128单片机的检测接收机的研制[J].仪表技术与传感器(1):15-16,28.
刘国华,乌效鸣,胡郁乐,2004.非开挖导航仪电磁波发射与接收技术的研究[J].非开挖技术,21(2-3):37-39.
罗光强,胡郁乐,2014.基于LabVIEW大钩高程监控系统设计与应用[J].探矿工程(岩土钻掘工程),41(5):53-56.
罗光强,胡郁乐,刘狄磊,等,2013,深部钻探大钩位置检测装置的设计与应用[J].煤田地质与勘探,41(2):87-89.
罗光强,胡郁乐,2014.科学深钻DPI-1智能化多功能钻参仪的研制与应用研究[J].地质与勘探(4):777-782.
毛玉蓉,翁惠辉,2004.岩芯渗透率测试仪的数据采集及控制系统设计[J].岩土工程学报,26(4):571-574.
孙建华,2008.大深度复杂地层绳索取芯钻探技术[J].地质装备,9(4):11-14.

孙云志,卢春华,肖冬顺,等,2018.水利水电工程大顶角超深斜孔钻探技术与实践[M].北京:中国水利水电出版社.
王君,凌振宝,2003.传感器原理及检测技术[M].长春:吉林大学出版社.
王龙,李波,2014.重钩自由下落绳索取芯绞车研制[J].煤矿机械,44(2):31-34.
乌效鸣,胡郁乐,李粮纲,等,2004.导向钻进与非开挖铺管技术[M].武汉:中国地质大学出版社.
夏阳,胡郁春,张恒春,2010.配套科学深钻XY-9立轴钻机机上余尺检测方法研究[J].工程地球物理学报,7(6):719-722.
鄢泰宁,胡郁乐,张涛,等,2009.检测技术与钻井仪表[M].武汉:中国地质大学出版社.
杨小龙,2014.连通井随钻系统信号处理模块的设计与实现[D].广州:广东工业大学.
喻西,胡郁乐,刘乃鹏,2016.基于LabVIEW的自然电位采集系统设计[J].测控技术(12):43-47.
朱庆豪,黄鹤松,薛琳,等.2005.无线传输钻井参数仪的设计[J].电子技术应用(10):36-38.
HUI GAO,YULE HU,LONGCHE DUAN,et al.,2019. An analytical solution of the pseudosteady state productivity index for the fracture geometry optimization of fractured wells[J]. Energies,12(1):176.